目　录

ICS 13.320
CCS A 91

中华人民共和国公共安全行业标准

GA 1800.1—2021

电力系统治安反恐防范要求 第1部分:电网企业

Requirements for public security and counter-terrorist of electric power system—Part 1: Power grid companies

2021-04-25 发布　　2021-08-01 实施

中华人民共和国公安部　发布

前　言

本文件按照 GB/T 1.1—2020《标准化工作导则　第 1 部分：标准化文件的结构和起草规则》的规定起草。

本文件是 GA 1800—2021《电力系统治安反恐防范要求》的第 1 部分。GA 1800—2021 已经发布了以下部分：

——第 1 部分：电网企业；

——第 2 部分：火力发电企业；

——第 3 部分：水力发电企业；

——第 4 部分：风力发电企业；

——第 5 部分：太阳能发电企业；

——第 6 部分：核能发电企业。

本文件由国家反恐怖工作领导小组办公室，公安部治安管理局、公安部反恐怖局、公安部科技信息化局提出。

本文件由全国安全防范报警系统标准化技术委员会(SAC/TC 100)归口。

本文件起草单位：公安部治安管理局、公安部反恐怖局、公安部科技信息化局、国家能源局电力安全监管司、公安部第一研究所、中国电力企业联合会、国家电网有限公司、中国南方电网有限责任公司、全球能源互联网研究院有限公司、国网浙江省电力有限公司、中国能源研究会、国网宁夏电力有限公司、国网北京市电力公司、公安部安全与警用电子产品质量检测中心、上海市公安局、华东理工大学、上海市刑事科学技术研究院、国网新疆电力有限公司、内蒙古电力(集团)有限责任公司、广东电网有限责任公司、上海德梁安全技术咨询服务有限公司、浩云科技股份有限公司、上海广拓信息技术有限公司。

本文件主要起草人：廖崎、吴祥星、杨玉波、张合、关城、吴志敏、徐思钢、张宗远、马楠、李龙、王学军、王天宇、李恒锋、万涛、于振、王伟、张凡忠、陶焱升、刘晓新、刘晓亮、刘文斌、郝宗良、郝振昆、张志远、刘俊、李龙、吴思东、高传江、王雷。

电力系统治安反恐防范要求 第1部分：电网企业

1 范围

本文件规定了电网企业治安反恐防范的重点目标和重点部位、重点目标等级和防范级别、总体防范要求、常态三级防范要求、常态二级防范要求、常态一级防范要求、非常态防范要求和安全防范系统技术要求。

本文件适用于电网企业的治安反恐防范工作与管理。

2 规范性引用文件

下列文件中的内容通过文中的规范性引用而构成本文件必不可少的条款。其中，注日期的引用文件，仅该日期对应的版本适用于本文件；不注日期的引用文件，其最新版本（包括所有的修改单）适用于本文件。

GB/T 2900.59—2008 电工术语 发电、输电及配电 变电站
GB 12899 手持式金属探测器通用技术规范
GB 17565—2007 防盗安全门通用技术条件
GB/T 22239 信息安全技术 网络安全等级保护基本要求
GB/T 28181 公共安全视频监控联网系统信息传输、交换、控制技术要求
GB/T 29328—2018 重要电力用户供电电源及自备应急电源配置技术规范
GB/T 32581 入侵和紧急报警系统技术要求
GB 35114 公共安全视频监控联网信息安全技术要求
GB/T 37078—2018 出入口控制系统技术要求
GB 37300 公共安全重点区域视频图像信息采集规范
GB 50348 安全防范工程技术标准
GA 69 防爆毯
GA/T 644 电子巡查系统技术要求

3 术语和定义

GB/T 2900.59—2008、GB/T 29328—2018、GB 50348 界定的以及下列术语和定义适用于本文件。

3.1

电网 power grid

用于输送和分配电能的输电、变电、配电装置、设备、设施及有关辅助设施的组合。

3.2

变电站 substation

在交流输、配电系统中，为完成电压等级的变换，实现电力分配而建立的站点。

3.3

换流站 convertor station

安装有换流器且主要用于将交流转换成直流或将直流转换成交流的变电站。

3.4

开关站 switching station

有开关设备，通常还包括母线，但没有电力变压器的变电站。

3.5

密集通道 intensive channel

由不少于两条±800 kV及以上电压等级特高压直流线路组成，且两相邻特高压直流线路极导线间最小间隙不大于100 m的重要输电通道。

3.6

电力调度机构 electric power dispatching and control center

电力调度控制中心所在的场所。

3.7

重要用户 important user

在国家或某个地区（城市）的社会、政治、经济生活中占有重要地位，对其中断供电将可能造成人身伤亡、较大环境污染、较大政治影响、较大经济损失、社会公共秩序严重混乱的用电单位或对供电可靠性有特殊要求的用电场所。

3.8

安全防范 security

综合运用人力防范、实体防范、电子防范等多种手段，预防、延迟、阻止入侵、盗窃、抢劫、破坏、爆炸、暴力袭击等事件的发生。

[来源：GB 50348—2018，2.0.1]

3.9

人力防范 personnel protection

具有相应素质的人员有组织的防范、处置等安全管理行为。

[来源：GB 50348—2018，2.0.2]

3.10

实体防范 physical protection

利用建（构）筑物、屏障、器具、设备或其组合，延迟或阻止风险事件发生的实体防护手段。

[来源：GB 50348—2018，2.0.3]

3.11

电子防范 electronic security

利用传感、通信、计算机、信息处理及其控制、生物特征识别等技术，提高探测、延迟、反应能力的防护手段。

[来源：GB 50348—2018，2.0.4]

3.12

安全防范系统 security system

以安全为目的，综合运用实体防护、电子防护等技术构成的防范系统。

[来源：GB 50348—2018，2.0.5]

3.13

常态防范 regular protection

运用人力防范、实体防范、电子防范等多种手段和措施，常规性预防、延迟、阻止发生治安和恐怖案事件的管理行为。

3.14

非常态防范 unusual protection

在重要会议、重大活动等重要时段以及获得涉重大治安、恐怖袭击等预警信息或发生上述案事件时，相关企业临时性加强防范手段和措施，提升治安反恐防范能力的管理行为。

4 重点目标和重点部位

4.1 重点目标

下列目标为电网企业治安反恐防范的重点目标：

a) 电力调度机构；

b) 变电站、换流站(含接地极址)；

c) 直接为重要用户供电的变电站、开关站。

4.2 重点部位

4.2.1 下列部位为电力调度机构的治安反恐重点部位：

a) 周界；

b) 周界出入口、门卫室；

c) 调度楼出入口；

d) 通往调度控制中心(室)、信息通信机房、通信调度中心(室)的电梯、电梯厅及通道；

e) 调度控制中心(室)、信息通信机房、通信调度中心(室)出入口；

f) 调度控制中心(室)与信息通信机房以及配电室相连的强弱电设备间，供电电缆、通信电缆、光缆等线缆通道；

g) 与外界相通的窗口、通风口、管道口(沟、渠等)；

h) 安防监控中心(室)；

i) 其他经评估应防范的重点部位。

4.2.2 下列部位为变电站、换流站(含接地极址)的治安反恐重点部位：

a) 周界；

b) 周界出入口、门卫室；

c) 与站外相通的窗口、通风口、管道口(沟、渠等)；

d) 安防监控中心(室)/安防设备间；

e) 主控楼出入口；

f) 主控室、二次设备机房出入口。

4.2.3 下列部位为直接为重要用户供电的变电站的治安反恐重点部位：

a) 周界；

b) 周界出入口；

c) 与站外相通的窗口、通风口、管道口(沟、渠等)。

4.2.4 下列部位为直接为重要用户供电的开关站的治安反恐重点部位：

a) 与站外相通的门；

b) 与站外相通的窗口、通风口、管道口(沟、渠等)。

5 重点目标等级和防范级别

5.1 电网企业治安反恐防范重点目标的等级由低到高分为三级重点目标、二级重点目标、一级重点目标，由公安机关会同有关部门、相关企业依据国家有关规定共同确定。

5.2 重点目标的防范分为常态防范和非常态防范。常态防范级别按防范能力由低到高分为三级防范、二级防范、一级防范，防范级别应与目标等级相适应。三级重点目标对应常态三级防范，二级重点目标对应常态二级防范，一级重点目标对应常态一级防范。

5.3 常态二级防范要求应在常态三级防范要求基础上执行，常态一级防范要求应在常态二级防范要求基础上执行，非常态防范要求应在常态防范要求基础上执行。

6 总体防范要求

6.1 电网企业新建、改建、扩建重点目标的安全防范系统应与主体工程同步规划、同步设计、同步建设、同步验收、同步运行。已建、在建的重点目标应按本文件要求补充完善安全防范系统。

6.2 电网企业应针对重点目标定期开展风险评估工作，综合运用人力防范、实体防范、电子防范等手段，按常态防范与非常态防范的不同要求，落实各项安全防范措施。

6.3 电网企业应建立健全治安反恐防范管理档案和台账，包括重点目标的名称、地址或位置、目标等级、防范级别、企业负责人、重点目标负责人、保卫部门负责人，现有人力防范、实体防范、电子防范措施，平面图、结构图等。

6.4 电网企业应根据公安机关等政府有关部门的要求，提供重点目标的相关信息和重要动态。

6.5 电网企业应对重要岗位人员进行安全背景审查。

6.6 电网企业应设立治安反恐防范专项资金，将治安反恐防范涉及费用纳入企业预算，保障治安反恐防范工作机制运转正常。

6.7 电网企业应建立安全防范系统运行与维护的保障体系和长效机制，定期对系统进行维护、保养，及时排除故障，保持系统处于良好的运行状态。

6.8 电网企业应制定治安反恐突发事件应急预案，并组织开展相关培训和定期演练。

6.9 电网企业应与属地公安机关等政府有关部门建立联防、联动、联治工作机制。

6.10 电网企业应建立治安反恐与安全生产等有关信息的共享和联动机制。

6.11 电网企业的网络与信息系统应合理划分安全区，明确安全保护等级，采取 GB/T 22239 中相应的安全保护等级的防护措施。

6.12 电网企业的生产控制大区网络与信息系统应符合网络专用、横向隔离、纵向认证等要求，采取安全隔离、远程通信防护等措施。

6.13 电网企业的卫星导航时间同步系统，应采取防干扰安全防护与隔离措施，具备常规电磁干扰信号入侵监测和实时告警能力、卫星信号拒止条件下高精度时间同步保持和干扰信号安全隔离能力，使用 GPS 为主授时的系统还应具备使用北斗信号原位加固授时防护与 GPS 信号安全隔离的能力。

6.14 电网企业重点目标常态防范设施配置应符合附录 A 的规定。

7 常态三级防范要求

7.1 人力防范要求

7.1.1 一般要求

7.1.1.1 电网企业应设置与安全保卫任务相适应的治安反恐保卫机构，配备保卫管理人员，建立健全值守巡逻、教育培训、检查考核、安全防范系统运行维护与保养等制度。

7.1.1.2 保卫管理人员除应熟悉国家有关治安反恐的法律法规、标准规范等要求外，还应熟悉本企业治安反恐防范工作情况及相关规章制度、应急预案。

7.1.1.3 保卫执勤人员应持证上岗,并掌握必备的专业知识和技能。
7.1.1.4 电网企业应针对重点目标每年至少组织一次治安反恐教育培训。
7.1.1.5 电网企业应针对重点目标每年至少组织一次治安反恐应急预案(现场处置方案)演练。
7.1.1.6 重点目标保卫执勤人员应配备棍棒、钢叉等护卫器械以及对讲机等必要的通信工具。

7.1.2 电力调度机构

7.1.2.1 周界主要出入口、调度楼出入口应设置门卫值班室,应有不少于2名保卫执勤人员24 h同时在岗值守,对进出的人员、车辆、物资进行检查、审核、登记。
7.1.2.2 安防监控中心(室)值班人员应24 h值守,每班应不少于2人。
7.1.2.3 保卫执勤人员应对重点部位进行日常巡逻,巡逻周期间隔应不大于6 h。

7.1.3 变电站、换流站

7.1.3.1 周界主要出入口应设置门卫值班室或执勤哨位,应有不少于2名保卫执勤人员24 h同时在岗值守,对进出的人员、车辆、物资进行检查、审核、登记。
7.1.3.2 保卫执勤人员应对重点部位进行日常巡逻,巡逻周期间隔应不大于8 h。

7.1.4 直接为重要用户供电的变电站

保卫执勤人员应进行日常巡逻,巡逻周期间隔应不大于24 h。

7.2 实体防范要求

7.2.1 一般要求

7.2.1.1 重点目标应沿周界设置实体围墙或栅栏,实行封闭式防护。
7.2.1.2 重点目标建筑物与外界相通的出入口应安装符合GB 17565—2007规定的不低于乙级防护要求的防盗安全门。
7.2.1.3 重点目标建筑物二层以下的窗口、与外界相通且人员易于穿越的通风口和管道口应加装金属防护栏。

7.2.2 变电站、换流站

7.2.2.1 周界应设置实体围墙,实行封闭式防护,周界围墙外沿高度(含防攀爬设施)应不小于2.5 m。
7.2.2.2 主要出入口大门应达到防冲撞、防攀越要求,设置高度(含防攀爬设施)应不小于2.5 m。出入口应设置车辆阻挡装置。采用电动操作的车辆阻挡装置,应具有手动应急操作功能。

7.3 电子防范要求

7.3.1 一般要求

7.3.1.1 重点目标应沿周界设置视频监控系统、入侵和紧急报警系统,视频监视和回放图像应能清晰显示人员活动情况。
7.3.1.2 重点目标出入口应设置视频监控系统,视频监视和回放图像应能清晰显示人员的体貌特征及车辆号牌。
7.3.1.3 重点部位应设置电子巡查系统。
7.3.1.4 门卫室应设置入侵和紧急报警系统的紧急报警装置。

7.3.2 电力调度机构

调度控制中心(室)、信息通信机房、通信调度中心(室)、安防监控中心(室),通往调度控制中心

(室)、信息通信机房和通信调度中心(室)的电梯、电梯厅及通道等重要部位出入口应设置视频监控系统,视频监视和回放图像应能清晰显示人员出入情况。

7.3.3 电子防范的其他要求

电子防范的其他设计应符合 GB 50348 的相关规定。

8 常态二级防范要求

8.1 人力防范要求

8.1.1 电力调度机构

保卫执勤人员应对重点部位进行日常巡逻,巡逻周期间隔应不大于 4 h。

8.1.2 变电站、换流站

保卫执勤人员应对重点部位进行日常巡逻,巡逻周期间隔应不大于 6 h。

8.1.3 直接为重要用户供电的变电站

保卫执勤人员应进行日常巡逻,巡逻周期间隔应不大于 12 h。

8.2 实体防范要求

周界出入口应设置车辆阻挡装置。采用电动操作的车辆阻挡装置,应具有手动应急操作功能。

8.3 电子防范要求

周界出入口应安装人员、车辆出入口控制系统,并应设置强闯报警/灯光/视频监控系统联动响应。

9 常态一级防范要求

9.1 人力防范要求

9.1.1 一般要求

9.1.1.1 电网企业应针对重点目标每半年至少组织一次治安反恐教育培训。
9.1.1.2 电网企业应针对重点目标每半年至少组织一次治安反恐应急预案(现场处置方案)演练。

9.1.2 电力调度机构

保卫执勤人员应对重点部位进行日常巡逻,巡逻周期间隔应不大于 2 h。

9.1.3 变电站、换流站

9.1.3.1 保卫执勤人员应对重点部位进行日常巡逻,巡逻周期间隔应不大于 4 h。
9.1.3.2 换流站在检修期间,处于单极大地回线运行方式时,保卫执勤人员应对接地极址进行巡逻,巡逻周期间隔应不大于 24 h。
9.1.3.3 应对外来人员携带的物品进行安全检查。

9.1.4 直接为重要用户供电的变电站

保卫执勤人员应进行日常巡逻,巡逻周期间隔应不大于 6 h。

9.2 实体防范要求

门卫值班室应配备符合 GB 12899 要求的手持式金属探测器、符合 GA 69 要求的防爆毯等安全检查、处置设备。

9.3 电子防范要求

9.3.1 密集通道应利用视频监控装置实现通道状态的实时监控。

9.3.2 敞开式的变电站、换流站等重点目标应配备使用符合国家法律、法规和有关要求的固定式反无人机主动防御系统,防御信号范围应覆盖生产区内有关重要部位。

10 非常态防范要求

10.1 人力防范要求

10.1.1 电网企业应启动应急响应机制,组织开展治安反恐动员,重点目标负责人应 24 h 带班组织防范工作,在常态防范基础上应加强保卫力量。

10.1.2 电力调度机构、变电站、换流站的周界出入口应设置警戒区域,对人员、车辆实行进入许可管控。

10.1.3 电力调度机构、变电站、换流站应加强对出入人员、车辆及所携带物品的安全检查,对外来人员携带物品进行开包检查。

10.1.4 密集通道应配备保卫执勤人员,并实行 24 h 不间断巡查。

10.2 实体防范要求

10.2.1 应加强重点目标的防护器具、救援器材、应急物资以及门、窗、锁、车辆阻挡装置等设施的有效性检查。

10.2.2 应关闭重点目标的部分周界出入口,减少周界出入口的开放数量。

10.2.3 重点目标周界出入口的车辆阻挡装置应设置为阻截状态。

10.3 电子防范要求

10.3.1 应加强电子防范设施、通信设备的检查和维护,确保安全防范系统正常运行及通信设备正常使用。

10.3.2 二级重点目标应配备使用符合国家法律、法规和有关要求的固定式或便携式反无人机主动防御系统,满足应急防范要求。

11 安全防范系统技术要求

11.1 一般要求

11.1.1 安全防范系统的设备和材料应符合相关标准并检验合格。

11.1.2 应对安全防范系统内具有计时功能的设备进行校时,设备的时钟与北京时间误差应不大于 5 s。

11.1.3 安全防范系统的各子系统应符合 GB 50348 的相关规定。

11.2 入侵和紧急报警系统

11.2.1 系统应能探测报警区域内的入侵事件。系统报警后,安防监控中心(室)应能有声、光指示,并能准确指示发出报警的位置。

11.2.2 系统应具备防拆、开路、短路报警功能。

11.2.3 系统应具备自检功能和故障报警、断电报警功能。

11.2.4 系统应与视频监控系统联动。

11.2.5 系统布防、撤防、故障和报警信息存储时间应不少于 90 d。

11.2.6 系统的其他要求应符合 GB/T 32581 的相关规定。

11.3 视频监控系统

11.3.1 系统监视及回放图像的水平像素数应不小于 1 920,垂直像素数应不小于 1 080,视频图像帧率应不小于 25 fps。

11.3.2 系统应能与入侵和紧急报警系统联动。

11.3.3 视频图像信息应实时记录,保存期限应不少于 90 d。

11.3.4 系统应留有与公共安全视频图像信息共享交换平台联网的接口,联网信息传输、交换、控制协议应符合 GB/T 28181 的相关规定,联网信息安全应符合 GB 35114 的相关规定。

11.3.5 涉及公共区域的视频图像信息的采集要求应符合 GB 37300 的相关规定。

11.4 出入口控制系统

11.4.1 系统应能对强行破坏、非法进入的行为发出报警信号,报警信号应与相关出入口的视频图像联动。

11.4.2 系统应满足紧急逃生时人员疏散的相关要求。

11.4.3 系统信息存储时间应不少于 180 d。

11.4.4 系统的安全等级应不低于 GB/T 37078—2018 中规定的 2 级要求。

11.5 电子巡查系统

11.5.1 巡查路线、巡查时间应能根据安全管理需要进行设定和修改。

11.5.2 巡查记录保存时间应不少于 90 d。

11.5.3 系统其他要求应符合 GA/T 644 的相关规定。

11.6 反无人机防御系统

11.6.1 系统发射功率和使用频段应符合国家有关规定。

11.6.2 系统应能自动 24 h 持续工作,无需人员值守。

11.6.3 系统的应用不得对周边重要设施产生有害干扰。

11.6.4 系统应用应有保障措施,不得对电力系统授时产生影响。

11.6.5 系统应具备国家级无线电检测鉴定机构出具的检测报告。

附 录 A
（规范性）
电网企业重点目标常态防范设施配置

A.1 电网企业重点目标常态防范设施配置应符合表A.1的规定。

表A.1 电网企业重点目标常态防范设施配置

序号	重点部位		重点目标防范设施		配置要求		
					三级	二级	一级
1	电力调度机构	周界	实体防范设施	围墙或栅栏	●	●	●
2			视频监控系统	视频监控装置	●	●	●
3			入侵和紧急报警系统	入侵报警装置	●	●	●
4			电子巡查系统	电子巡查装置	●	●	●
5		周界出入口	实体防范设施	车辆阻挡装置	—	●	●
6			视频监控系统	视频监控装置	●	●	●
7			电子巡查系统	电子巡查装置	●	●	●
8			出入口控制系统	出入口控制装置	—	●	●
9		门卫室	实体防范设施	手持式金属探测器、防爆毯	—	—	●
10			电子巡查系统	电子巡查装置	●	●	●
11			入侵和紧急报警系统	紧急报警装置	●	●	●
12		调度楼出入口	电子巡查系统	电子巡查装置	●	●	●
13		通往调度控制中心（室）、信息通信机房、通信调度中心（室）的电梯、电梯厅及通道	电子巡查系统	电子巡查装置	●	●	●
14			视频监控系统	视频监控装置	●	●	●
15		调度控制中心（室）、信息通信机房、通信调度中心（室）出入口	电子巡查系统	电子巡查装置	●	●	●
16			视频监控系统	视频监控装置	●	●	●
17		调度控制中心（室）与信息通信机房以及配电室相连的强弱电设备间，供电电缆、通信电缆、光缆等线缆通道	电子巡查系统	电子巡查装置	●	●	●
18		与外界相通的窗口、通风口、管道口（沟、渠等）	实体防范设施	金属防护栏	●	●	●
19			电子巡查系统	电子巡查装置	●	●	●

表 A.1 电网企业重点目标常态防范设施配置（续）

序号	重点部位		重点目标防范设施		配置要求		
					三级	二级	一级
20	电力调度机构	安防监控中心（室）	电子巡查系统	电子巡查装置	●	●	●
21			视频监控系统	视频监控装置	●	●	●
22			授时安全防护装置		●	●	●
23		其他经评估应防范的重点部位	电子巡查系统	电子巡查装置	●	●	●
24	变电站、换流站（含接地极址）	周界	实体防范设施	围墙	●	●	●
25			视频监控系统	视频监控装置	●	●	●
26			入侵和紧急报警系统	入侵报警装置	●	●	●
27			电子巡查系统	电子巡查装置	●	●	●
28		周界出入口	实体防范设施	车辆阻挡装置	●	●	●
29			视频监控系统	视频监控装置	●	●	●
30			电子巡查系统	电子巡查装置	●	●	●
31			出入口控制系统	出入口控制装置	—	●	●
32		门卫室	实体防范设施	手持式金属探测器、防爆毯	—	—	●
33			电子巡查系统	电子巡查装置	●	●	●
34			入侵和紧急报警系统	紧急报警装置	●	●	●
35		与站外相通的窗口、通风口、管道口（沟、渠等）	实体防范设施	金属防护栏	●	●	●
36			电子巡查系统	电子巡查装置	●	●	●
37		安防监控中心（室）/安防设备间	电子巡查系统	电子巡查装置	●	●	●
38		主控楼出入口	电子巡查系统	电子巡查装置	●	●	●
39		主控室、二次设备机房出入口	电子巡查系统	电子巡查装置	●	●	●
40	直接为重要用户供电的变电站	周界	实体防范设施	围墙或栅栏	●	●	●
41			视频监控系统	视频监控装置	●	●	●
42			入侵和紧急报警系统	入侵报警装置	●	●	●
43			电子巡查系统	电子巡查装置	●	●	●
44		周界出入口	实体防范设施	车辆阻挡装置	—	●	●
45			视频监控系统	视频监控装置	●	●	●
46			电子巡查系统	电子巡查装置	●	●	●
47			出入口控制系统	出入口控制装置	—	●	●
48		与站外相通的窗口、通风口、管道口（沟、渠等）	实体防范设施	金属防护栏	●	●	●
49			电子巡查系统	电子巡查装置	●	●	●

表 A.1 电网企业重点目标常态防范设施配置（续）

序号	重点部位		重点目标防范设施		配置要求		
					三级	二级	一级
50	直接为重要用户供电的开关站	与站外相通的门	实体防范设施	不低于乙级防护要求的防盗安全门	●	●	●
51		与站外相通的窗口、通风口、管道口（沟、渠等）	实体防范设施	金属防护栏	●	●	●
52	保卫执勤岗位		棍棒、钢叉等防卫器械		●	●	●
53			对讲机等通信工具		●	●	●
54	敞开式的变电站、换流站		固定式反无人机主动防御系统		—	—	●
注：表中“●”表示“应配置”，“—”表示“不要求”。							

参 考 文 献

[1] 中华人民共和国反恐怖主义法
[2] 企业事业单位内部治安保卫条例
[3] 电力设施保护条例
[4] 电力设施保护条例实施细则
[5] 电力监控系统安全防护规定
[6] 电力企业应急预案管理办法

ICS 13.320
CCS A 91

中华人民共和国公共安全行业标准

GA 1800.2—2021

电力系统治安反恐防范要求 第2部分:火力发电企业

Requirements for public security and counter-terrorist of electric power system—Part 2:Conventional thermal power companies

2021-04-25 发布　　2021-08-01 实施

中华人民共和国公安部　发布

前　言

本文件按照GB/T 1.1—2020《标准化工作导则　第1部分：标准化文件的结构和起草规则》的规定起草。

本文件是GA 1800—2021《电力系统治安反恐防范要求》的第2部分。GA 1800—2021已经发布了以下部分：

——第1部分：电网企业；

——第2部分：火力发电企业；

——第3部分：水力发电企业；

——第4部分：风力发电企业；

——第5部分：太阳能发电企业；

——第6部分：核能发电企业。

本文件由国家反恐怖工作领导小组办公室，公安部治安管理局、公安部反恐怖局、公安部科技信息化局提出。

本文件由全国安全防范报警系统标准化技术委员会(SAC/TC 100)归口。

本文件起草单位：公安部治安管理局、公安部反恐怖局、公安部科技信息化局、国家能源局电力安全监管司、公安部第一研究所、公安部安全与警用电子产品质量检测中心、中国电力企业联合会、中国华能集团有限公司、北京声迅电子股份有限公司、北京中唐电工程咨询有限公司。

本文件主要起草人：廖崎、吴祥星、杨玉波、张合、苑龙、季景林、徐思钢、张宗远、马楠、汪萍、聂蓉、王新、张凡忠、苑维双、王宏涛、李鑫、李越冰。

电力系统治安反恐防范要求 第2部分:火力发电企业

1 范围

本文件规定了火力发电企业治安反恐防范的重点目标和重点部位、重点目标等级和防范级别、总体防范要求、常态三级防范要求、常态二级防范要求、常态一级防范要求、非常态防范要求和安全防范系统技术要求。

本文件适用于火力发电企业的治安反恐防范工作与管理。

2 规范性引用文件

下列文件中的内容通过文中的规范性引用而构成本文件必不可少的条款。其中,注日期的引用文件,仅该日期对应的版本适用于本文件;不注日期的引用文件,其最新版本(包括所有的修改单)适用于本文件。

GB 3836.1 爆炸性环境 第1部分:设备 通用要求

GB 12899 手持式金属探测器通用技术规范

GB/T 22239 信息安全技术 网络安全等级保护基本要求

GB/T 28181 公共安全视频监控联网系统信息传输、交换、控制技术要求

GB/T 32581 入侵和紧急报警系统技术要求

GB 35114 公共安全视频监控联网信息安全技术要求

GB/T 37078—2018 出入口控制系统技术要求

GB 37300 公共安全重点区域视频图像信息采集规范

GB 50348 安全防范工程技术标准

GB 50660 大中型火力发电厂设计规范

GA 69 防爆毯

GA/T 644 电子巡查系统技术要求

3 术语和定义

GB 50348和GB 50660界定的以及下列术语和定义适用于本文件。

3.1

火力发电站(厂)　conventional thermal power station

由燃煤或碳氢化合物获得热能的热力发电站。

[来源:GB/T 2900.52—2008,602-01-23]

3.2

火力发电企业　conventional thermal power company

拥有一座或多座火力发电站(厂),向市场提供电能和(或)热能以及服务的企业。

3.3

集中控制室 central control room

火力发电厂中对两台及以上的机组及辅助系统进行集中控制的场所。

[来源:GB 50660—2011,2.0.18]

3.4

安全防范 security

综合运用人力防范、实体防范、电子防范等多种手段,预防、延迟、阻止入侵、盗窃、抢劫、破坏、爆炸、暴力袭击等事件的发生。

[来源:GB 50348—2018,2.0.1]

3.5

人力防范 personnel protection

具有相应素质的人员有组织的防范、处置等安全管理行为。

[来源:GB 50348—2018,2.0.2]

3.6

实体防范 physical protection

利用建(构)筑物、屏障、器具、设备或其组合,延迟或阻止风险事件发生的实体防护手段。

[来源:GB 50348—2018,2.0.3]

3.7

电子防范 electronic security

利用传感、通信、计算机、信息处理及其控制、生物特征识别等技术,提高探测、延迟、反应能力的防护手段。

[来源:GB 50348—2018,2.0.4]

3.8

安全防范系统 security system

以安全为目的,综合运用实体防护、电子防护等技术构成的防范系统。

[来源:GB 50348—2018,2.0.5]

3.9

常态防范 regular protection

运用人力防范、实体防范、电子防范等多种手段和措施,常规性预防、延迟、阻止发生治安和恐怖案事件的管理行为。

3.10

非常态防范 unusual protection

在重要会议、重大活动等重要时段以及获得涉重大治安、恐怖袭击等预警信息或发生上述案事件时,相关企业临时性加强防范手段和措施,提升治安反恐防范能力的管理行为。

4 重点目标和重点部位

4.1 重点目标

火力发电站(厂)为火力发电企业治安反恐防范的重点目标。

4.2 重点部位

下列部位为火力发电站(厂)治安反恐防范的重点部位:

a) 站(厂)周界;
b) 站(厂)周界出入口;
c) 生产区出入口;
d) 运煤铁路和公路的进(出)厂道口;
e) 站(厂)内主要道路;
f) 汽轮机房、锅炉区域;
g) 液氨贮存区、燃油设施区、制(供)氢站、天然气调压站;
h) 主变压器和升压站区域;
i) 危险化学品库;
j) 集中控制室;
k) 安防监控中心(室);
l) 供水设施区域;
m) 其他经评估应防范的重点部位。

5 重点目标等级和防范级别

5.1 火力发电企业治安反恐防范重点目标的等级由低到高分为三级重点目标、二级重点目标、一级重点目标,由公安机关会同有关部门、相关企业依据国家有关规定共同确定。

5.2 重点目标的防范分为常态防范和非常态防范。常态防范级别按防范能力由低到高分为三级防范、二级防范、一级防范,防范级别应与目标等级相适应。三级重点目标对应常态三级防范,二级重点目标对应常态二级防范,一级重点目标对应常态一级防范。

5.3 常态二级防范要求应在常态三级防范要求基础上执行,常态一级防范要求应在常态二级防范要求基础上执行,非常态防范要求应在常态防范要求基础上执行。

6 总体防范要求

6.1 新建、改建、扩建火力发电站(厂)的安全防范系统应与主体工程同步规划,同步设计、同步建设、同步验收、同步运行。已建、在建的火力发电站(厂)应按本文件要求补充完善安全防范系统。

6.2 火力发电企业应针对重点目标定期开展风险评估工作,综合运用人力防范、实体防范、电子防范等手段,按常态防范与非常态防范的不同要求,落实各项治安反恐防范措施。

6.3 火力发电企业应建立健全治安反恐防范管理档案和台账,包括火力发电站(厂)的名称、地址或位置、目标等级、防范级别、企业负责人、站(厂)负责人、保卫部门负责人,现有人力防范、实体防范、电子防范措施,平面图、结构图等。

6.4 火力发电企业应根据公安机关等政府有关部门的要求,提供火力发电站(厂)的相关信息和重要动态。

6.5 火力发电企业应对重要岗位人员进行安全背景审查。

6.6 火力发电企业应设立治安反恐防范专项资金,将治安反恐防范涉及费用纳入企业预算,保障治安反恐防范工作机制运转正常。

6.7 火力发电企业应建立安全防范系统运行与维护的保障体系和长效机制,定期对系统进行维护、保养,及时排除故障,保持系统处于良好的运行状态。

6.8 火力发电企业应制定治安反恐突发事件应急预案,并组织开展相关培训和定期演练。

6.9　火力发电企业应与属地公安机关等政府有关部门建立联防联动联治工作机制。

6.10　火力发电企业应建立治安反恐与安全生产等有关信息的共享和联动机制。

6.11　火力发电企业的网络与信息系统应合理划分安全区,明确安全保护等级,采取 GB/T 22239 中相应的安全保护等级的防护措施。

6.12　火力发电企业的生产控制大区网络与信息系统应符合网络专用、横向隔离、纵向认证等要求,采用安全隔离、远程通信防护等措施。

6.13　火力发电企业的卫星导航时间同步系统,应采取防干扰安全防护与隔离措施,具备常规电磁干扰信号入侵监测和实时告警能力、卫星信号拒止条件下高精度时间同步保持和干扰信号安全隔离能力,使用 GPS 为主授时的系统还应具备使用北斗信号原位加固授时防护与 GPS 信号安全隔离的能力。

6.14　火力发电站(厂)常态防范设施配置应符合附录 A 的规定。

7　常态三级防范要求

7.1　人力防范要求

7.1.1　火力发电企业应设置与安全保卫任务相适应的治安反恐工作保卫机构,配置专职保卫管理人员,建立健全值守巡逻、教育培训、检查考核、安全防范系统运行维护和保养等制度。

7.1.2　火力发电站(厂)应每年至少组织一次治安反恐教育培训。

7.1.3　火力发电站(厂)应每年至少组织一次治安反恐应急预案演练。

7.1.4　火力发电站(厂)保卫执勤人员应配备棍棒、钢叉等防卫器械以及对讲机等通信工具。

7.1.5　火力发电站(厂)保卫执勤人员应对重点部位进行日常巡逻。巡逻周期间隔应不大于 24 h。

7.1.6　火力发电站(厂)周界出入口应设置门卫值班室,生产区出入口及运煤铁路和公路的进(出)厂道口应设置岗亭,并 24 h 有人值守。

7.1.7　安防监控中心(室)值机人员应 24 h 值守,每班应不少于 2 人。

7.1.8　火电发电站(厂)应对外来人员进行检查,办理审批、备案、通行手续。

7.1.9　危险化学品库应实行双人双锁管理。

7.2　实体防范要求

7.2.1　站(厂)周界应设置实体围墙,围墙外沿高度(含防攀爬设施)应不小于 2.5 m。

7.2.2　液氨贮存区、制(供)氢站的周界应设置实体围墙,燃油设施区周界应设置实体围墙或栅栏,主变压器和升压站区域应设置栅栏。围墙和栅栏高度应符合 GB 50660 的相关规定。

7.3　电子防范要求

7.3.1　站(厂)周界应设置视频监控装置,视频监视和回放图像应能清晰显示周界区域的人员活动情况。

7.3.2　站(厂)周界出入口、生产区出入口应设置视频监控装置,视频监视和回放图像应能清晰显示出入人员的体貌特征及进出车辆的号牌。

7.3.3　运煤铁路和公路的进(出)厂道口应设置视频监控装置,视频监视和回放图像应能清晰显示车辆通行及人员活动情况。

7.3.4　站(厂)内主要道路应设置视频监控装置,视频监视和回放图像应能清晰显示人员活动和车辆通行情况。

7.3.5　汽轮机房出入口应设置视频监控装置,视频监视和回放图像应能清晰显示出入人员的体貌特征。

7.3.6 锅炉区域应设置视频监控装置，视频监视和回放图像应能清晰显示区域内人员的活动情况。

7.3.7 液氨贮存区、燃油设施区、制(供)氢站、危险化学品库、集中控制室、安防监控中心(室)的出入口应设置出入口控制装置，对出入人员进行管理。

7.3.8 液氨贮存区、燃油设施区、制(供)氢站、危险化学品库、集中控制室、安防监控中心(室)的出入口和内部应设置视频监控装置，视频监视和回放图像应能清晰显示出入人员的体貌特征和区域内人员的活动情况。

7.3.9 天然气调压站、主变压器和升压站区域及供水设施区域应设置视频监控装置，视频监视和回放图像应能清晰显示区域内人员的活动情况。

8 常态二级防范要求

8.1 人力防范要求

保卫执勤人员对重点部位的巡逻周期间隔应不大于 12 h。

8.2 实体防范要求

天然气调压站周界应设置栅栏，栅栏高度应不小于 1.5 m。

8.3 电子防范要求

8.3.1 液氨贮存区和制(供)氢站的周界应设置入侵探测装置，探测范围应能对周界实现全覆盖，不得有盲区。

8.3.2 站(厂)周界出入口、生产区出入口应设置出入口控制装置，对出入人员进行管理。

8.3.3 站(厂)周界出入口应设置车辆出入管理装置。

9 常态一级防范要求

9.1 人力防范要求

9.1.1 保卫执勤人员对重点部位的巡逻周期间隔应不大于 8 h。

9.1.2 火力发电站(厂)应每半年至少组织一次治安反恐教育培训。

9.1.3 火力发电站(厂)应每半年至少组织一次治安反恐应急预案演练。

9.2 实体防范要求

站(厂)周界出入口应设置车辆阻挡装置。采用电动操作的车辆阻挡装置，应具有手动应急操作功能。

9.3 电子防范要求

9.3.1 站(厂)周界应设置入侵探测装置，探测范围应能对周界实现全覆盖，不得有盲区。

9.3.2 站(厂)门卫值班室、生产区出入口岗亭及运煤铁路和公路的进(出)厂道口岗亭内应设置紧急报警装置。

9.3.3 站(厂)门卫值班室应配置符合 GB 12899 要求的手持式金属探测器和符合 GA 69 要求的防爆毯等安全检查、处置设备。

9.3.4 治安反恐防范的重点部位应设置电子巡查装置。

9.3.5 火力发电站(厂)应配备使用符合国家法律、法规和有关要求的固定式反无人机主动防御系统，防御信号范围应覆盖生产区。

10 非常态防范要求

10.1 人力防范要求

10.1.1 火力发电站(厂)应启动应急响应机制，组织开展治安反恐动员，站(厂)负责人应 24 h 带班组织防范工作，在常态防范基础上加强保卫力量。

10.1.2 保卫执勤人员对重点部位的巡逻周期间隔应不大于 4 h。

10.1.3 站(厂)周界出入口应设置警戒区域，对人员、车辆实行进入许可管控。

10.1.4 应加强对出入站(厂)的人员、车辆及所携带物品的安全检查，对外来人员携带物品进行开包检查。

10.2 实体防范要求

10.2.1 应加强对火力发电站(厂)防护器具、救援器材、应急物资以及门、窗、锁、车辆阻挡装置等设施的有效性检查。

10.2.2 应关闭火力发电站(厂)的部分周界出入口，减少周界出入口的开放数量。

10.2.3 火力发电站(厂)周界出入口的车辆阻挡装置应设置为阻截状态。

10.3 电子防范要求

10.3.1 应加强电子防范设施、通信设备的检查和维护，确保安全防范系统正常运行及通信设备正常使用。

10.3.2 二级重点目标的火力发电站(厂)应配备使用符合国家法律、法规和有关要求的固定式或便携式反无人机主动防御系统，满足应急防范要求。

11 安全防范系统技术要求

11.1 一般要求

11.1.1 安全防范系统的设备和材料应符合相关标准并检验合格。

11.1.2 应对安全防范系统内具有计时功能的设备进行校时，设备的时钟与北京时间误差应不大于 5 s。

11.1.3 防爆环境使用的安全防范设施，防爆等级应符合 GB 3836.1 的相关规定。

11.1.4 安全防范系统的各子系统、安全防范管理平台应符合 GB 50348 的相关规定。

11.2 入侵和紧急报警系统

11.2.1 系统应能探测报警区域内的入侵事件。系统报警后，安防监控中心(室)应能有声、光指示，并能准确指示发出报警的位置。

11.2.2 系统应具备防拆、开路、短路报警功能。

11.2.3 系统应具备自检功能和故障报警、断电报警功能。

11.2.4 系统应与视频监控系统联动。

11.2.5 系统布防、撤防、故障和报警信息存储时间应不少于 90 d。

11.2.6 系统的其他要求应符合 GB/T 32581 的相关规定。

11.3 视频监控系统

11.3.1 系统监视和回放图像的水平像素数应不小于 1 920,垂直像素数应不小于 1 080,视频图像帧率应不小于 25 fps。

11.3.2 系统应与入侵和紧急报警系统联动。

11.3.3 视频图像信息应实时记录,存储时间应不少于 90 d。

11.3.4 涉及公共区域的视频图像信息的采集要求应符合 GB 37300 的相关规定。

11.4 出入口控制系统

11.4.1 系统应能对强行破坏、非法进入的行为发出报警信号,报警信号应与相关出入口的视频图像联动。

11.4.2 系统应满足紧急逃生时人员疏散的相关要求。

11.4.3 系统信息存储时间应不少于 180 d。

11.4.4 系统的安全等级应不低于 GB/T 37078—2018 中规定的 2 级要求。

11.5 电子巡查系统

11.5.1 巡查路线、巡查时间应能根据安全管理需要进行设定和修改。

11.5.2 巡查记录保存时间应不少于 90 d。

11.5.3 系统其他要求应符合 GA/T 644 的相关规定。

11.6 反无人机主动防御系统

11.6.1 系统发射功率和使用频段应符合国家有关规定。

11.6.2 系统应能自动 24 h 持续工作,无需人员值守。

11.6.3 系统的应用不得对周边重要设施产生有害干扰。

11.6.4 系统应用应有保障措施,不得对电力系统授时产生影响。

11.6.5 系统应具备国家级无线电检测鉴定机构出具的检测报告。

11.7 集成联网

11.7.1 火力发电企业安防监控中心(室)的安全防范管理平台应实现对入侵和紧急报警、视频监控、出入口控制、电子巡查等各安全防范子系统的集成与管理。

11.7.2 安全防范管理平台应具有系统集成、联动控制、权限管理、存储管理、检索与回放、设备管理、统计分析、系统校时、指挥调度等功能。

11.7.3 视频监控系统应留有与公共安全视频图像信息共享交换平台联网的接口,联网信息传输、交换、控制协议应符合 GB/T 28181 的相关规定,联网信息安全应符合 GB 35114 的相关规定。

附 录 A
（规范性）
火力发电站（厂）常态防范设施配置

火力发电站（厂）常态防范设施配置应符合表A.1的规定。

表A.1 火力发电站（厂）常态防范设施配置

<table>
<tr><th rowspan="3">序号</th><th rowspan="3">重点部位</th><th rowspan="3" colspan="2">防范设施</th><th colspan="3">配置要求</th></tr>
<tr><th>三级</th><th>二级</th><th>一级</th></tr>
<tr><th>重点目标</th><th>重点目标</th><th>重点目标</th></tr>
<tr><td>1</td><td rowspan="4">站（厂）周界</td><td>实体防护设施</td><td>围墙</td><td>●</td><td>●</td><td>●</td></tr>
<tr><td>2</td><td>视频监控系统</td><td>视频监控装置</td><td>●</td><td>●</td><td>●</td></tr>
<tr><td>3</td><td>入侵和紧急报警系统</td><td>入侵探测装置</td><td>—</td><td>—</td><td>●</td></tr>
<tr><td>4</td><td>电子巡查系统</td><td>电子巡查装置</td><td>—</td><td>—</td><td>●</td></tr>
<tr><td>5</td><td rowspan="4">站（厂）周界出入口</td><td>实体防护设施</td><td>车辆阻挡装置</td><td>—</td><td>—</td><td>●</td></tr>
<tr><td>6</td><td>视频监控系统</td><td>视频监控装置</td><td>●</td><td>●</td><td>●</td></tr>
<tr><td>7</td><td>出入口控制系统</td><td>出入口控制装置</td><td>—</td><td>●</td><td>●</td></tr>
<tr><td>8</td><td colspan="2">车辆出入管理装置</td><td>—</td><td>●</td><td>●</td></tr>
<tr><td>9</td><td rowspan="3">站（厂）周界出入口的门卫值班室</td><td>入侵和紧急报警系统</td><td>紧急报警装置</td><td>—</td><td>—</td><td>●</td></tr>
<tr><td>10</td><td rowspan="2">安全检查、处置设备</td><td>手持式金属探测器</td><td>—</td><td>—</td><td>●</td></tr>
<tr><td>11</td><td>防爆毯</td><td>—</td><td>—</td><td>●</td></tr>
<tr><td>12</td><td rowspan="2">生产区出入口</td><td>视频监控系统</td><td>视频监控装置</td><td>●</td><td>●</td><td>●</td></tr>
<tr><td>13</td><td>出入口控制系统</td><td>出入口控制装置</td><td>—</td><td>●</td><td>●</td></tr>
<tr><td>14</td><td rowspan="2">运煤铁路和公路的进（出）厂道口</td><td>视频监控系统</td><td>视频监控装置</td><td>●</td><td>●</td><td>●</td></tr>
<tr><td>15</td><td>电子巡查系统</td><td>电子巡查装置</td><td>—</td><td>—</td><td>●</td></tr>
<tr><td>16</td><td>生产区出入口岗亭、运煤铁路和公路的进（出）厂道口岗亭</td><td>入侵和紧急报警系统</td><td>紧急报警装置</td><td>—</td><td>—</td><td>●</td></tr>
<tr><td>17</td><td rowspan="2">站（厂）内主要道路</td><td>视频监控系统</td><td>视频监控装置</td><td>●</td><td>●</td><td>●</td></tr>
<tr><td>18</td><td>电子巡查系统</td><td>电子巡查装置</td><td>—</td><td>—</td><td>●</td></tr>
<tr><td>19</td><td rowspan="2">汽轮机房出入口</td><td>视频监控系统</td><td>视频监控装置</td><td>●</td><td>●</td><td>●</td></tr>
<tr><td>20</td><td>电子巡查系统</td><td>电子巡查装置</td><td>—</td><td>—</td><td>●</td></tr>
<tr><td>21</td><td rowspan="2">锅炉区域</td><td>视频监控系统</td><td>视频监控装置</td><td>●</td><td>●</td><td>●</td></tr>
<tr><td>22</td><td>电子巡查系统</td><td>电子巡查装置</td><td>—</td><td>—</td><td>●</td></tr>
</table>

表 A.1 火力发电站(厂)常态防范设施配置(续)

序号	重点部位		防范设施		配置要求		
					三级 重点目标	二级 重点目标	一级 重点目标
23	液氨贮存区、制(供)氢站	周界	实体防护设施	围墙	●	●	●
24			入侵和紧急报警系统	入侵探测装置	—	●	●
25			视频监控系统	视频监控装置	●	●	●
26			电子巡查系统	电子巡查装置	—	—	●
27		出入口	视频监控系统	视频监控装置	●	●	●
28			出入口控制系统	出入口控制装置	●	●	●
29			电子巡查系统	电子巡查装置	—	—	●
30		内部	视频监控系统	视频监控装置	●	●	●
31	燃油设施区	周界	实体防护设施	围墙或栅栏	●	●	●
32			视频监控系统	视频监控装置	●	●	●
33			电子巡查系统	电子巡查装置	—	—	●
34		出入口	视频监控系统	视频监控装置	●	●	●
35			出入口控制系统	出入口控制装置	●	●	●
36			电子巡查系统	电子巡查装置	—	—	●
37		内部	视频监控系统	视频监控装置	●	●	●
38	主变压器和升压站区域		实体防护设施	栅栏	●	●	●
39			视频监控系统	视频监控装置	●	●	●
40			电子巡查系统	电子巡查装置	—	—	●
41	天然气调压站		实体防护设施	栅栏	—	●	●
42			视频监控系统	视频监控装置	●	●	●
43			电子巡查系统	电子巡查装置	—	—	●
44	危险化学品库	出入口	视频监控系统	视频监控装置	●	●	●
45			出入口控制系统	出入口控制装置	●	●	●
46			电子巡查系统	电子巡查装置	—	—	●
47		内部	视频监控系统	视频监控装置	●	●	●
48	集中控制室、安防监控中心(室)	出入口	视频监控系统	视频监控装置	●	●	●
49			出入口控制系统	出入口控制装置	●	●	●
50			电子巡查系统	电子巡查装置	—	—	●
51		内部	视频监控系统	视频监控装置	●	●	●
52			授时安全防护装置		●	●	●
53	供水设施区域		视频监控系统	视频监控装置	●	●	●
54			电子巡查系统	电子巡查装置	—	—	●

表 A.1 火力发电站(厂)常态防范设施配置(续)

序号	重点部位	防范设施		配置要求		
				三级 重点目标	二级 重点目标	一级 重点目标
55	保卫执勤岗位	防卫防护装备、工具	棍棒、钢叉等防卫器械	●	●	●
56			对讲机等通信工具	●	●	●
57	生产区	固定式反无人机主动防御系统		—	—	●
注：表中“●”表示“应配置”，“—”表示“不要求”。						

参 考 文 献

[1] GB/T 2900.52—2008 电工术语 发电、输电及配电 发电
[2] 中华人民共和国反恐怖主义法
[3] 企业事业单位内部治安保卫条例
[4] 电力设施保护条例

ICS 13.320
CCS A 91

中华人民共和国公共安全行业标准

GA 1800.3—2021

电力系统治安反恐防范要求 第3部分:水力发电企业

Requirements for public security and counter-terrorist of electric power system—Part 3: Hydroelectric power companies

2021-04-25 发布

2021-08-01 实施

中华人民共和国公安部 发布

前言

本文件按照 GB/T 1.1—2020《标准化工作导则　第 1 部分：标准化文件的结构和起草规则》的规定起草。

本文件是 GA 1800—2021《电力系统治安反恐防范要求》的第 3 部分。GA 1800—2021 已经发布了以下部分：

——第 1 部分：电网企业；

——第 2 部分：火力发电企业；

——第 3 部分：水力发电企业；

——第 4 部分：风力发电企业；

——第 5 部分：太阳能发电企业；

——第 6 部分：核能发电企业。

本文件由国家反恐怖工作领导小组办公室，公安部治安管理局、公安部反恐怖局、公安部科技信息化局提出。

本文件由全国安全防范报警系统标准化技术委员会(SAC/TC 100)归口。

本文件起草单位：公安部治安管理局、公安部反恐怖局、公安部科技信息化局、国家能源局电力安全监管司、公安部第一研究所、水电水利规划设计总院、中国电建集团北京勘测设计研究院有限公司、中国水利水电建设工程咨询有限公司、中国电建集团中南勘测设计研究院有限公司、中国电建集团西北勘测设计研究院有限公司、中国电建集团华东勘测设计研究院有限公司、中国电建集团贵阳勘测设计研究院有限公司、中国电力建设集团有限公司、长江勘测规划设计研究有限责任公司、深圳蓄能发电有限公司、中国长江三峡集团有限公司、雅砻江流域水电开发有限公司、国家电投集团黄河上游水电开发有限责任公司、国家电投集团五凌电力有限公司、华能澜沧江水电股份有限公司、公安部安全与警用电子产品质量检测中心、上海天跃科技股份有限公司、富盛科技股份有限公司。

本文件主要起草人：杨志刚、朱军、廖崎、吴祥星、杨玉波、张合、周群、徐思钢、张宗远、马楠、杜效鹄、万凤霞、贾超、张妍、王继琳、周兴波、张晓光、朱哲、黎静、冯真秋、李茂、潘建、后开祥、郑新刚、郝为华、吴斌、王翰龙、高庆丛、杨弘、王玉孝、曾再祥、段川、苗寿波、彭华、钟永强。

电力系统治安反恐防范要求
第3部分:水力发电企业

1 范围

本文件规定了水力发电企业治安反恐防范的重点目标和重点部位、重点目标等级和防范级别、总体防范要求、常态三级防范要求、常态二级防范要求、常态一级防范要求、非常态防范要求和安全防范系统技术要求。

本文件适用于水力发电企业的治安反恐防范工作与管理。

2 规范性引用文件

下列文件中的内容通过文中的规范性引用而构成本文件必不可少的条款。其中,注日期的引用文件,仅该日期对应的版本适用于本文件;不注日期的引用文件,其最新版本(包括所有的修改单)适用于本文件。

GB/T 2900.52 电工术语 发电、输电及配电 发电

GB/T 22239 信息安全技术 网络安全等级保护基本要求

GB/T 28181 公共安全视频监控联网系统信息传输、交换、控制技术要求

GB/T 32581 入侵和紧急报警系统技术要求

GB 35114 公共安全视频监控联网信息安全技术要求

GB/T 37078—2018 出入口控制系统技术要求

GB 37300 公共安全重点区域视频图像信息采集规范

GB 50348 安全防范工程技术标准

GA/T 644 电子巡查系统技术要求

3 术语和定义

GB/T 2900.52、GB 50348界定的以及下列术语和定义适用于本文件。

3.1

水力发电企业 hydroelectric power company

拥有水电站(厂)并向市场提供电能的企业。

3.2

水电站(厂) hydroelectric power station

将水流能量转换为电能的电站,水电站(厂)包含抽水蓄能电站(厂)。

[来源:GB/T 2900.52—2008,602-01-04,有修改]

3.3

安全防范 security

综合运用人力防范、实体防范、电子防范等多种手段,预防、延迟、阻止入侵、盗窃、抢劫、破坏、爆炸、暴力袭击等事件的发生。

[来源:GB 50348—2018,2.0.1]

3.4

人力防范 personnel protection

具有相应素质的人员有组织的防范、处置等安全管理行为。

[来源:GB 50348—2018,2.0.2]

3.5

实体防范 physical protection

利用建(构)筑物、屏障、器具、设备或其组合,延迟或阻止风险事件发生的实体防护手段。

[来源:GB 50348—2018,2.0.3]

3.6

电子防范 electronic security

利用传感、通信、计算机、信息处理及其控制、生物特征识别等技术,提高探测、延迟、反应能力的防护手段。

[来源:GB 50348—2018,2.0.4]

3.7

安全防范系统 security system

以安全为目的,综合运用实体防护、电子防护等技术构成的防范系统。

[来源:GB 50348—2018,2.0.5]

3.8

常态防范 regular protection

运用人力防范、实体防范、电子防范等多种手段和措施,常规性预防、延迟、阻止发生治安和恐怖案事件的管理行为。

3.9

非常态防范 unusual protection

在重要会议、重大活动等重要时段以及获得涉重大治安、恐怖袭击等预警信息或发生上述案事件时,相关企业临时性加强防范手段和措施,提升治安反恐防范能力的管理行为。

4 重点目标和重点部位

4.1 重点目标

水电站(厂)为水力发电企业治安反恐防范的重点目标。

4.2 重点部位

下列部位为水电站(厂)治安反恐防范的重点部位:

a) 周界及主要出入口;

b) 大坝区域;

c) 厂房区域;

d) 大坝区域和厂房区域之外的建筑物;

e) 水电站(厂)运行管理的通航设施;

f) 安防监控中心(室);

g) 其他经评估应防范的重点部位。

5 重点目标等级和防范级别

5.1 水力发电企业治安反恐防范重点目标的等级由低到高分为三级重点目标、二级重点目标、一级重点目标,由公安机关会同有关部门、相关企业依据国家有关规定共同确定。

5.2 重点目标的防范分为常态防范和非常态防范。常态防范级别按防范能力由低到高分别是常态三级防范、常态二级防范、常态一级防范,防范级别应与目标等级相适应。三级重点目标对应常态三级防范,二级重点目标对应常态二级防范,一级重点目标对应常态一级防范。

5.3 常态二级防范要求应在常态三级防范要求基础上执行,常态一级防范要求应在常态二级防范要求基础上执行,非常态防范要求应在常态防范要求基础上执行。

6 总体防范要求

6.1 新建、改建、扩建水电站(厂)的安全防范系统应与主体工程同步规划、同步设计、同步建设、同步验收、同步运行。已建、在建的水电站(厂)应按本文件要求补充完善安全防范系统。

6.2 水力发电企业应针对重点目标定期开展风险评估工作,综合运用人力防范、实体防范、电子防范等手段,按常态防范与非常态防范的不同要求,落实各项安全防范措施。

6.3 水电站(厂)应建立健全治安反恐防范管理档案和台账,包括重点目标的名称、地址或位置、目标等级、防范级别、企业负责人、电站负责人、保卫部门负责人,现有人力防范、实体防范、电子防范措施,枢纽布置图、发电厂房及升压变电站(或开关站)的布置图等。

6.4 水力发电企业应根据公安机关等政府有关部门的要求,提供重点目标的相关信息和重要动态。

6.5 水力发电企业应对重要岗位人员进行安全背景审查。

6.6 水力发电企业应设立治安反恐防范专项资金,将治安反恐防范涉及费用纳入企业预算,保障治安反恐防范工作机制运转正常。

6.7 水力发电企业应建立安全防范系统运行与维护的保障体系和长效机制,定期对系统进行维护、保养,及时排除故障,保持系统处于良好的运行状态。

6.8 水力发电企业应制定治安反恐突发事件应急预案,并组织开展相关培训和定期演练。

6.9 水力发电企业应与属地公安机关等政府有关部门建立联防、联动、联治工作机制。

6.10 水力发电企业应建立治安反恐与安全生产、运行管理等有关信息的共享和联动机制。

6.11 水力发电企业的网络与信息系统应合理划分安全区,明确安全保护等级,采取 GB/T 22239 中相应安全保护等级的防护措施。

6.12 水力发电企业的生产控制大区网络与信息系统应符合网络专用、横向隔离、纵向认证等要求,采用安全隔离、远程通信防护等措施。

6.13 水力发电企业的卫星导航时间同步系统,应采取防干扰安全防护与隔离措施,具备常规电磁干扰信号入侵监测和实时告警能力、卫星信号拒止条件下高精度时间同步保持和干扰信号安全隔离能力,使用 GPS 为主授时的系统还应具备使用北斗信号原位加固授时防护与 GPS 信号安全隔离的能力。

6.14 水电站(厂)常态防范设施配置应符合附录 A 的规定。

7 常态三级防范要求

7.1 人力防范要求

7.1.1 水力发电企业应设立与安全保卫任务相适应的治安反恐保卫机构,配置专兼职保卫管理人员,建立健全值守巡逻、教育培训、检查考核、安全防范系统运行维护与保养等制度。

7.1.2 水电站(厂)应每年至少组织一次治安反恐教育培训。

7.1.3 水电站(厂)应每年至少组织一次治安反恐应急预案演练。

7.1.4 水电站(厂)保卫执勤人员应配备棍棒、钢叉等护卫器械以及对讲机等必要的通信工具。

7.1.5 通航设施的运行管理人员应对通过船舶进行登记和驾引指导。

7.2 实体防范要求

7.2.1 水电站(厂)的周界及主要出入口的实体防范应满足下列要求:

a) 陆域周界和主要出入口应设置警示标志;

b) 有自然径流的水域周界应设置警示浮筒。

7.2.2 大坝区域的实体防范应满足下列要求:

a) 上坝道路出入口应设置机动车减速带和"未经允许禁止入内"等警示标志;

b) 大坝交通及排水廊道入口应设置金属门或金属栅栏门;

c) 有自然径流的大坝上、下游水域应划定禁航区,设置禁航区警戒标志。

7.2.3 厂房区域的实体防范应满足下列要求:

a) 地面厂房的出入口应设置金属门;

b) 地下厂房的进厂交通洞应设置出入口实体屏障、照明设施、机动车减速带和"限速"等标志;

c) 地下厂房的出线洞、通风洞、排烟洞、检查洞等洞口应设置出入口实体屏障。

7.2.4 通航设施应在上、下游水域划定禁航区,设置禁航区警戒标志和航行界限标志。

7.3 电子防范要求

7.3.1 水电站(厂)周界的主要出入口应设置视频监控装置,视频监视和回放图像应能清晰显示进出人员的体貌特征和进出车辆的号牌。

7.3.2 大坝区域的电子防范应满足下列要求:

a) 上坝道路出入口应设置视频监控装置,视频监视和回放图像应能清晰显示进出人员的体貌特征和进出车辆的号牌;

b) 启闭机房和配电房的周边应设置视频监控装置,视频监视和回放图像应能清晰显示人员进出情况;

c) 拦河坝、溢洪道、泄洪放空洞应设置视频监控装置,视频监视和回放图像应能清晰显示周边环境情况;

d) 有自然径流的水域应设置视频监控装置,视频监视和回放图像应能清晰显示大坝上、下游的船只活动情况。

7.3.3 厂房区域的电子防范应满足下列要求:

a) 发电厂房、升压变电站(或开关站)、地面控制楼的出入口和重要部位应设置视频监控装置,视频监视和回放图像应能清晰显示进出人员的体貌特征和活动情况;

b) 地下厂房的进厂交通洞口应设置视频监控装置,视频监视和回放图像应能清晰显示进出人员的体貌特征和活动情况;

c) 地下厂房的出线洞、通风洞、排烟洞、检查洞等洞口应设置视频监控装置,视频监视和回放图像应能清晰显示洞口的封闭情况和人员活动情况。

8 常态二级防范要求

8.1 人力防范要求

8.1.1 水电站(厂)保卫执勤人员应对重点部位进行日常巡逻,巡逻周期间隔应不大于48 h,并进行视频远程巡视,巡视周期间隔应不大于 8 h。

8.1.2 水电站(厂)管理范围周界主要出入口应 24 h 有人值守,并对外来人员、车辆、物资进行核查和信息登记。

8.1.3 大坝区域和厂房区域的周界主要出入口应 24 h 有人值守,并对外来人员、车辆进行检查。

8.1.4 安防监控中心(室)应 24 h 有人值守。

8.2 实体防范要求

8.2.1 水电站(厂)周界的主要出入口应设置门卫值班室、实体屏障和照明设施。

8.2.2 大坝区域的实体防范应满足下列要求:

a) 不作为交通公路的挡水建筑物、泄水建筑物、输水建筑物和调压室(井)应设置周界实体屏障,进行封闭管理;

b) 陆域周界应设置未经允许禁止入内、攀登、翻越、通行等标志,水电站(厂)管理的水库的临水侧应设置"未经允许禁止入内"等标志;

c) 陆域周界的主要出入口应设置门卫值班室、出入口实体屏障、照明设施、机动车减速带和"限速"等标志。

8.2.3 厂房区域的实体防范应满足下列要求:

a) 发电厂房、副厂房、升压变电站(或开关站)和尾水建筑物应设置周界实体屏障,进行封闭管理;

b) 周界应设置未经允许禁止入内、攀登、翻越、通行等标志;

c) 周界的主要出入口应设置门卫值班室、出入口实体屏障、照明设施、机动车减速带和"限速"等标志。

8.2.4 大坝区域和厂房区域之外的建筑物,其实体防范还应满足下列要求:

a) 升压变电站(或开关站)、地面控制楼应设置围墙或栅栏等周界实体屏障,并设置未经允许禁止入内、攀登、翻越、通行等标志,周界出入口应设置出入口实体屏障、照明设施、机动车减速带和"限速"等标志;

b) 尾水建筑物、启闭机室、地面调压井、地下调压室通风洞、配电楼、外来电源变电站应设置围墙或栅栏等周界实体屏障,并设置未经允许禁止入内、攀登、翻越、通行等标志;

c) 输水管道的检查廊道入口应设置金属门等出入口实体屏障;

d) 生产办公楼应设置周界实体屏障,并设置未经允许禁止入内、攀登、翻越、通行等标志,周界主要出入口应设置门卫值班室、人车分离的出入口实体屏障、照明设施、机动车减速带和"限速"等标志。

8.2.5 通航设施的实体防范应满足下列要求:

a) 通航设施应设置周界实体屏障,进行封闭管理;

b) 陆域周界应设置未经允许禁止入内、攀登、翻越、通行等标志;

c) 陆域周界的主要出入口应设置出入口实体屏障、照明设施、机动车减速带和"限速"等标志。

8.2.6 周界实体屏障应结合地形地貌和防护要求,采用金属栅栏、防护网、围栏、混凝土围墙、建(构)筑物外墙、崖壁等形成封闭的实体屏障。实体屏障外侧整体高度(含防攀爬设施)应不小于 2.5 m。

8.3 电子防范要求

8.3.1 水电站(厂)的周界及主要出入口的电子防范应满足下列要求:

a) 周界的主要出入口应设置车辆出入口控制装置;

b) 门卫值班室应设置内部联动紧急报警装置。

8.3.2 大坝区域的电子防范应满足下列要求:

a) 大坝区域的陆域周界应设置视频监控装置,视频监视和回放图像应能清晰显示周边人员的活动情况；

b） 大坝区域的出入口应设置视频监控装置和出入口控制装置，视频监视和回放图像应能清晰显示进出人员的体貌特征和进出车辆的号牌；

c） 门卫值班室应设置内部联动紧急报警装置。

8.3.3 厂房区域的电子防范满足下列要求：

a） 厂房区域的周界应设置视频监控装置，视频监视和回放图像应能清晰显示周边人员的活动情况，周界的主要出入口应设置视频监控装置和出入口控制装置，视频监视和回放图像应能清晰显示进出人员的体貌特征和进出车辆的号牌；

b） 地面调压井、地下调压室通风洞的出入口应设置视频监控装置，视频监视和回放图像应能清晰显示周边人员的活动情况；

c） 中央空调机房、进风洞口和生活水箱间应设置视频监控装置，视频监视和回放图像应能清晰显示进出人员的体貌特征和活动情况；

d） 中央控制室应设置内部联动紧急报警装置；

e） 柴油发电机房、透平油库、永久设备库等应设置视频监控装置，视频监视和回放图像应能清晰显示人员进出情况；

f） 门卫值班室应设置内部联动紧急报警装置。

8.3.4 大坝区域和厂房区域之外的下列建筑物，其电子防范应满足下列要求：

a） 作为公共公路的挡水建筑物应设置视频监控装置，视频监视和回放图像应能清晰显示车辆通过挡水建筑物的通行情况；

b） 升压变电站（或开关站）、地面控制楼的周界应设置视频监控装置和入侵探测装置，周界出入口应设置出入口控制装置；

c） 尾水建筑物、启闭机室、地面调压井、地下调压室通风洞、配电楼、外来电源变电站，柴油发电机房、透平油库、永久设备库，输水管道的检查廊道的出入口应设置视频监控装置，视频监视和回放图像应能清晰显示进出人员的体貌特征；

d） 现场的生产办公楼周界应设置视频监控装置和入侵探测装置，视频监视和回放图像应能清晰显示进出人员的体貌特征和进出车辆的号牌，并在周界出入口分别设置人车分离的出入口控制装置，对进出人员、车辆进行管理；

e） 中央控制室应设置内部联动紧急报警装置、视频监控装置和出入口控制装置，视频监视和回放图像应能清晰显示进出人员的体貌特征和活动情况。

8.3.5 通航设施的电子防范应满足下列要求：

a） 周界的出入口应设置视频监控装置和出入口控制装置，视频监视和回放图像应能清晰显示进出人员的体貌特征和进出车辆的号牌；

b） 通航设施的闸首、闸室和上下游航道应设置视频监控装置，视频监视和回放图像应能清晰显示船舶的通行状况。

8.3.6 安防监控中心（室）应设置出入口控制装置和视频监控装置，视频监视和回放图像应能清晰显示进出人员的体貌特征和活动情况。安防监控中心（室）应设置紧急报警装置和视频监控装置，视频监视和回放图像应能清晰显示进出人员的体貌特征和活动情况。

9 常态一级防范要求

9.1 人力防范要求

9.1.1 水电站（厂）应每半年至少组织一次治安反恐教育培训。

9.1.2 水电站（厂）应每半年至少组织一次治安反恐应急预案演练。

9.1.3 保卫执勤人员应在发电厂房主要出入口对外来人员携带的物品进行防爆安全检查，并在门卫值班室配置防爆毯。

9.1.4 保卫执勤人员对重点部位的巡逻周期间隔应不大于 24 h，视频远程巡视间隔应不大于 4 h。

9.1.5 发电厂房和升压变电站(或开关站)主要出入口应 24 h 有人值守，并对外来人员、车辆进行核查。

9.1.6 通航设施的运行管理人员应对通过船舶进行登记、调度指挥、安全检查、驾引指导和视频监视。

9.2 实体防范要求

9.2.1 水电站(厂)应配置巡逻机动车，有自然径流的大坝上、下游的重要水域应配置巡逻船。

9.2.2 大坝区域的实体防范应满足下列要求。

a) 大坝区域的周界、上坝道路的主要出入口应设置车辆阻挡装置，车辆阻挡装置不应影响道路的承载能力和通行能力。采用电动操作的车辆阻挡装置，应具有手动应急操作功能。

b) 有自然径流的大坝上、下游禁航区应设置拦阻索或驳船等拦阻措施。

9.2.3 厂房区域的实体防范应满足下列要求：

a) 厂房区域的周界主要出入口应设置主动式车辆阻挡装置；

b) 发电厂房的主要出入口应设置门卫值班室、实体屏障、照明设施。

9.2.4 大坝区域和厂房区域之外的升压变电站(或开关站)、地面控制楼的周界主要出入口应设置门卫值班室。

9.2.5 安防监控中心(室)应独立设置。

9.3 电子防范要求

9.3.1 水电站(厂)的管理范围周界的出入口应设置电子巡查装置。

9.3.2 大坝区域的电子防范应满足下列要求：

a) 周界的重要部位及出入口应设置电子巡查装置；

b) 拦河坝、溢洪道、泄洪放空洞的主要部位和启闭机房和配电房应设置电子巡查装置；

c) 有自然径流大坝上、下游的重要水域应设置目标探测装置，对大坝船舶和大型漂浮物等目标进行有效探测和报警。

9.3.3 厂房区域的电子防范应满足下列要求：

a) 周界应设置入侵探测装置；

b) 周界的重要部位及出入口应设置电子巡查装置；

c) 发电厂房、升压变电站(或开关站)、地面控制楼、地下厂房的进厂交通洞，应设置电子巡查装置；

d) 发电厂房的主要出入口应设置防爆安全检查和处置设备；

e) 水电站(厂)应配备使用符合国家法律、法规和有关要求的固定式反无人机主动防御系统，防御信号范围应覆盖地面式发电厂房和升压变电站(或开关站)等重要部位；

f) 地下厂房的进厂交通洞口应设置出入口控制装置。

9.3.4 大坝区域和厂房区域之外的建筑物的电子防范应满足下列要求：

a) 作为公共公路的挡水建筑物出入口应设置电子巡查装置；

b) 升压变电站(或开关站)、地面控制楼、地面调压井、地下调压室通风洞洞口、生产办公楼的周界和出入口应设置电子巡查装置；

c) 地面式升压变电站(或开关站)应配备使用符合国家法律、法规和有关要求的固定式反无人机主动防御系统。

9.3.5 通航设施的电子防范应满足下列要求：

a) 周界的主要出入口应设置门卫值班室和电子巡查装置；

b) 通航设施的上、下游水域应设置船舶探测装置，对船舶进行位置监测和越界报警；
c) 通航设施的监控中心应设置视频监控装置、出入口控制装置和紧急报警装置，视频监视和回放图像应能清晰显示监控中心的人员活动情况。

10 非常态防范要求

10.1 人力防范要求

10.1.1 水电站(厂)应启动应急响应机制，组织开展治安反恐动员，电站负责人应 24 h 带班组织防范工作，在常态防范基础上加强保卫力量。

10.1.2 水电站(厂)的周界出入口应设置警戒区域，对人员、车辆实行进入许可管控。

10.1.3 保卫执勤人员对重点部位的巡逻周期间隔应不大于 4 h。

10.1.4 水电站(厂)应加强对出入人员、车辆及所携带物品的安全检查，对外来人员携带物品进行开包检查。

10.2 实体防范要求

10.2.1 应加强水电站(厂)的防护器具、救援器材、应急物资以及门、窗、锁、车辆阻挡装置等设施的有效性检查。

10.2.2 应关闭水电站(厂)的部分周界出入口，减少周界出入口的开放数量。

10.2.3 水电站(厂)周界出入口的车辆阻挡装置应设置为阻截状态。

10.3 电子防范要求

10.3.1 水电站(厂)应做好电子防范设施、通信设备的检查和维护，确保安全防范系统正常运行及通信设备正常使用。

10.3.2 厂房封闭管理区的周界出入口应配置防爆安全检查设备。

10.3.3 二级重点目标的水电站(厂)应配备使用符合国家法律、法规和有关要求的便携式反无人机主动防御系统，满足应急防范要求。

11 安全防范系统技术要求

11.1 一般要求

11.1.1 安全防范系统的设备和材料应符合相关标准并检验合格。

11.1.2 应对安全防范系统内具有计时功能的设备进行校时，设备的时钟与北京时间误差应不大于 5 s。

11.1.3 安全防范系统的各子系统应符合 GB 50348 的相关规定。

11.2 入侵和紧急报警系统

11.2.1 系统应能探测报警区域内的入侵事件。系统报警后，安防监控中心(室)或门卫值班室应能有声、光指示，并能准确指示发出报警的位置。

11.2.2 系统应具备防拆、开路、短路报警功能。

11.2.3 系统应具备自检功能和故障报警、断电报警功能。

11.2.4 系统应与视频监控系统联动。

11.2.5 系统布防、撤防、故障和报警信息存储时间应不少于 90 d。

11.2.6 系统的其他要求应符合 GB/T 32581 的相关规定。

11.3 视频监控系统

11.3.1 系统监视及回放图像的水平像素数应不小于 1 920,垂直像素数应不小于 1 080,视频图像帧率应不小于 25 fps。

11.3.2 系统应能与入侵和紧急报警系统联动。

11.3.3 视频图像信息应实时记录,保存期限应不少于 90 d。

11.3.4 水电站(厂)涉及公共区域的视频图像信息的采集要求应符合 GB 37300 的相关规定。

11.4 出入口控制系统

11.4.1 系统应能对强行破坏、非法进入的行为发出报警信号,报警信号应与相关出入口的视频图像联动。

11.4.2 系统信息存储时间应不少于 180 d。

11.4.3 系统应满足紧急逃生时人员疏散的相关要求。

11.4.4 人员出入口控制系统的安全等级不应低于 GB/T 37078—2018 中规定的 2 级要求。

11.5 电子巡查系统

11.5.1 巡查路线、巡查时间应能根据安全管理需要进行设定和修改。

11.5.2 巡查记录保存时间应不少于 90 d。

11.5.3 系统其他要求应符合 GA/T 644 的相关规定。

11.6 反无人机主动防御系统

11.6.1 系统发射功率和使用频段应符合国家有关规定。

11.6.2 系统应能自动 24 h 持续工作,无需人员值守。

11.6.3 系统的应用不得对周边重要设施产生有害干扰。

11.6.4 系统应用应有保障措施,不得对电力系统授时产生影响。

11.6.5 系统应具备国家级无线电检测鉴定机构出具的检测报告。

11.7 集成联网

11.7.1 一级重点目标的安防监控中心(室)应设置安全防范管理平台,实现对各子系统的集成与管理。

11.7.2 安防监控中心的安全防范管理平台应实现对入侵和紧急报警、视频监控、出入口控制、电子巡查等各安全防范子系统的集成与管理。

11.7.3 安全防范管理平台应具有系统集成、联动控制、权限管理、存储管理、检索与回放、设备管理、统计分析、系统校时、指挥调度等功能。

11.7.4 视频监控系统应留有与公共安全视频图像信息共享交换平台联网的接口,信息传输、交换、控制协议应符合 GB/T 28181 的相关规定,联网信息安全应符合 GB 35114 的相关规定。

11.7.5 工业电视系统、通航设施运行管理系统应能向安全防范管理平台传送涉及安全防范功能的视频图像信息。

附 录 A
（规范性）
水电站（厂）常态防范设施配置

A.1 水电站（厂）常态防范设施配置应符合表A.1的规定。

表A.1 水电站（厂）常态防范设施配置

序号	重点部位		防范设施		配置要求		
					三级重点目标	二级重点目标	一级重点目标
1	周界及主要出入口	陆域周界	实体防护设施	警示标志	●	●	●
2			巡防巡逻设施	巡逻机动车	—	—	●
3		主要出入口	实体防护设施	警示标志	●	●	●
4				门卫值班室、出入口实体屏障、照明设施	—	●	●
5			视频监控系统	视频监控装置	●	●	●
6			出入口控制系统	出入口控制装置	—	●	●
7			入侵和紧急报警系统	紧急报警装置（门卫值班室）	—	●	●
8			电子巡查系统	电子巡查装置	—	—	●
9		有自然径流的水域周界	实体防护设施	警示浮筒	●	●	●
10			巡防巡逻设施	巡逻船	—	—	●
11	大坝区域	陆域周界（作为交通公路的挡水建筑物除外）	实体防护设施	未经允许禁止入内、攀登、翻越、通行等标志	—	●	●
12				围墙、围栏、防护网、天然实体屏障	—	●	●
13			视频监控系统	视频监控装置	—	●	●
14			电子巡查系统	电子巡查装置	—	—	●
15		陆域周界主要出入口	实体防护设施	机动车减速带和“限速”等标志	—	●	●
16				门卫值班室、出入口实体屏障、照明设施	—	●	●
17				车辆阻挡装置	—	—	●
18			视频监控系统	视频监控装置	—	●	●
19			出入口控制系统	出入口控制装置	—	●	●
20			入侵和紧急报警系统	紧急报警装置（门卫值班室）	—	●	●
21			电子巡查系统	电子巡查装置	—	—	●

表 A.1　水电站(厂)常态防范设施配置(续)

序号	重点部位		防范设施		配置要求		
					三级 重点目标	二级 重点目标	一级 重点目标
22	大坝区域	上坝道路出入口	实体防护设施	机动车减速带和"未经允许禁止入内"等标志	●	●	●
23				车辆阻挡装置	—	—	●
24			视频监控系统	视频监控装置	●	●	●
25		启闭机房、配电房	视频监控系统	视频监控装置	●	●	●
26			电子巡查系统	电子巡查装置	—	—	●
27		拦河坝、溢洪道、泄洪放空洞	视频监控系统	视频监控装置	●	●	●
28			电子巡查系统	电子巡查装置	—	—	●
29		大坝交通及排水廊道的出入口	实体防护设施	金属门或金属栅栏门	●	●	●
30		有自然径流的水域	实体防护设施	警戒标志	●	●	●
31				拦阻索或驳船等拦阻措施	—	—	●
32			视频监控系统	视频监控装置	●	●	●
33			目标探测装置(水面)		—	—	●
34	厂房区域	周界	实体防护设施	未经允许禁止入内、攀登、翻越、通行等标志	—	●	●
35				围墙、围栏、防护网、天然实体屏障	—	●	●
36			视频监控系统	视频监控装置	—	●	●
37			入侵和紧急报警系统	入侵探测装置	—	—	●
38			电子巡查系统	电子巡查装置	—	—	●
39		周界主要出入口	实体防护设施	机动车减速带和"限速"等标志	—	●	●
40				门卫值班室、出入口实体屏障、照明设施	—	●	●
41				主动式车辆阻挡装置	—	—	●
42			视频监控系统	视频监控装置	—	●	●
43			出入口控制系统	出入口控制装置	—	●	●
44			电子巡查系统	电子巡查装置	—	—	●
45		发电厂房	实体防护设施	金属门	●	●	●
46				门卫值班室、出入口实体屏障、照明设施	—	—	●
47				防爆安全检查设备	—	—	●
48			视频监控系统	视频监控装置	●	●	●

表 A.1 水电站(厂)常态防范设施配置(续)

序号	重点部位		防范设施		配置要求		
					三级重点目标	二级重点目标	一级重点目标
49	厂房区域	发电厂房	电子巡查系统	电子巡查装置	—	—	●
50			固定式反无人机防御系统	覆盖发电厂房、升压变电站(或开关站)	—	—	●
51		升压变电站(或开关站)	视频监控系统	视频监控装置	●	●	●
52			电子巡查系统	电子巡查装置	—	—	●
53			固定式反无人机主动防御系统	覆盖发电厂房、升压变电站(或开关站)	—	—	●
54		地面控制楼	视频监控系统	视频监控装置	●	●	●
55			电子巡查系统	电子巡查装置	—	—	●
56		地下厂房的进厂交通洞	实体防护设施	机动车减速带和“限速”等标志	●	●	●
57				出入口实体屏障、照明设施	●	●	●
58			视频监控系统	视频监控装置	●	●	●
59			出入口控制系统	出入口控制装置	—	—	●
60			电子巡查系统	电子巡查装置	—	—	●
61		地下厂房的出线洞、通风洞、排烟洞、检查洞等洞口	实体防护设施	出入口实体屏障	●	●	●
62			视频监控系统	视频监控装置	●	●	●
63		地面调压井、地下调压室通风洞	视频监控系统	视频监控装置	—	●	●
64		中央空调机房、进风洞口、生活水箱间	视频监控系统	视频监控装置	—	●	●
65		中央控制室	入侵和紧急报警系统	紧急报警装置	—	●	●
66		柴油发电机房、透平油库、永久设备库	视频监控系统	视频监控装置	—	●	●

表 A.1 水电站(厂)常态防范设施配置(续)

序号	重点部位		防范设施		配置要求		
					三级重点目标	二级重点目标	一级重点目标
67	大坝区域和厂房区域之外的升压变电站(或开关站)、地面控制楼	周界	实体防护设施	未经允许禁止入内、攀登、翻越、通行等标志	—	●	●
68				围墙、栅栏等周界实体屏障	—	●	●
69			视频监控系统	视频监控装置	—	●	●
70			入侵和紧急报警系统	入侵探测装置	—	●	●
71			电子巡查系统	电子巡查装置	—	—	●
72		周界出入口	实体防护设施	机动车减速带和"限速"等标志	—	●	●
73				出入口实体屏障、照明设施	—	●	●
74				门卫值班室	—	—	●
75			视频监控系统	视频监控装置	—	●	●
76			出入口控制系统	出入口控制装置	—	●	●
77			电子巡查系统	电子巡查装置	—	—	●
78		中央控制室	视频监控系统	视频监控装置	—	●	●
79			出入口控制系统	人员出入口控制装置	—	●	●
80			入侵和紧急报警系统	紧急报警装置	—	●	●
81		升压变电站(或开关站)	固定式反无人机防御系统		—	—	●
82	大坝区域和厂房区域之外的尾水建筑物、启闭机室、地面调压井、地下调压通风洞、配电楼、外来电源变电站等	周界	实体防护设施	未经允许禁止入内、攀登、翻越、通行等标志	—	●	●
83				围墙、栅栏等周界实体屏障	—	●	●
84		周界出入口或建筑物出入口	视频监控系统	视频监控装置	—	●	●
85			电子巡查系统	电子巡查装置	—	—	●
86	大坝区域和厂房区域之外的建筑物	作为公共公路的挡水建筑物	视频监控系统	视频监控装置	—	●	●
87			电子巡查系统	电子巡查装置	—	—	●

表 A.1 水电站(厂)常态防范设施配置(续)

序号	重点部位		防范设施		配置要求		
					三级重点目标	二级重点目标	一级重点目标
88	大坝区域和厂房区域之外的建筑物	输水管道的检查廊道入口	实体防护设施	金属门	—	●	●
89			视频监控系统	视频监控装置	—	●	●
90		柴油发电机房、透平油库、永久设备库等	实体防护设施	出入口实体屏障	—	●	●
91	大坝区域和厂房区域之外的生产办公楼	周界	实体防护设施	未经允许禁止入内、攀登、翻越、通行等标志	—	●	●
92				周界实体屏障	—	●	●
93			视频监控系统	视频监控装置	—	●	●
94			电子巡查系统	电子巡查装置	—	—	●
95			入侵和紧急报警系统	入侵探测装置	—	●	●
96		出入口	实体防护设施	机动车减速带和"限速"等标志	—	●	●
97				门卫值班室、人车分离的出入口实体屏障、照明设施	—	●	●
98			视频监控系统	视频监控装置	—	●	●
99			出入口控制系统	出入口控制装置	—	●	●
100	水电站(厂)运行管理的通航设施	陆域周界	实体防护设施	未经允许禁止入内、攀登、翻越、通行等标志	—	●	●
101				周界实体屏障	—	●	●
102		周界出入口	实体防护设施	机动车减速带和"限速"等标志	—	●	●
103				出入口实体屏障、照明设施	—	●	●
104				门卫值班室	—	—	●
105			视频监控系统	视频监控装置	—	●	●
106			出入口控制系统	出入口控制装置	—	●	●
107			电子巡查系统	电子巡查装置	—	—	●
108		上、下游水域	实体防护设施	禁航区警戒标志和航行界限标志	●	●	●
109			视频监控系统	视频监控装置	—	●	●
110			目标探测装置		—	—	●
111		监控中心	视频监控系统	视频监控装置	—	—	●
112			出入口控制系统	出入口控制装置	—	—	●
113			入侵和紧急报警系统	紧急报警装置	—	—	●

表 A.1 水电站(厂)常态防范设施配置(续)

序号	重点部位	防范设施		配置要求		
				三级重点目标	二级重点目标	一级重点目标
114	安防监控中心(室)	安防监控中心(室)(独立设置)		—	—	●
115		安全防范管理平台		—	—	●
116		出入口控制系统	出入口控制装置	—	●	●
117		视频监控系统	视频监控装置	—	●	●
118		入侵和紧急报警系统	紧急报警装置	—	●	●
119	卫星导航时间同步系统	授时安全防护装置		●	●	●
120	门卫值班室	入侵和紧急报警系统	内部联动紧急报警装置	—	●	●
121	保卫执勤岗位	棍棒、钢叉等护卫器械		●	●	●
122		对讲机等通信工具		●	●	●

注：表中“●”表示“应配置”，“—”表示“不要求”。

参 考 文 献

[1] GB 15208.1 微剂量X射线安全检查设备 第1部分:通用技术要求
[2] GB 15208.2 微剂量X射线安全检查设备 第2部分:透射式行包安全检查设备
[3] GB/T 30147 安防监控视频实时智能分析设备技术要求
[4] GA 69 防爆毯
[5] GA/T 1343 防暴升降式阻车路障
[6] 中华人民共和国反恐怖主义法
[7] 企业事业单位内部治安保卫条例
[8] 水库大坝安全管理条例

ICS 13.320
CCS A 91

中华人民共和国公共安全行业标准

GA 1800.4—2021

电力系统治安反恐防范要求 第4部分:风力发电企业

Requirements for public security and counter-terrorist of electric power system—Part 4: Wind power companies

2021-04-25 发布 2021-08-01 实施

中华人民共和国公安部 发布

前 言

本文件按照 GB/T 1.1—2020《标准化工作导则 第1部分：标准化文件的结构和起草规则》的规定起草。

本文件是 GA 1800—2021《电力系统治安反恐防范要求》的第4部分。GA 1800—2021 已经发布了以下部分：

——第1部分：电网企业；

——第2部分：火力发电企业；

——第3部分：水力发电企业；

——第4部分：风力发电企业；

——第5部分：太阳能发电企业；

——第6部分：核能发电企业。

本文件由国家反恐怖工作领导小组办公室，公安部治安管理局、公安部反恐怖局、公安部科技信息化局提出。

本文件由全国安全防范报警系统标准化技术委员会(SAC/TC 100)归口。

本文件起草单位：公安部治安管理局、公安部科技信息化局、公安部反恐怖局、国家能源局电力安全监管司、公安部第一研究所、水电水利规划设计总院、中国电建集团中南勘测设计研究院有限公司、中国电建集团华东勘测设计研究院有限公司、中国电建集团西北勘测设计研究院有限公司、中国电建集团北京勘测设计研究院有限公司、中国水利水电建设工程咨询有限公司、中国电力建设集团有限公司、中国电建集团贵阳勘测设计研究院有限公司、中国三峡新能源(集团)股份有限公司、中国水电工程顾问集团有限公司、公安部安全与警用电子产品质量检测中心、上海天跃科技股份有限公司、富盛科技股份有限公司。

本文件主要起草人：杨志刚、朱哲、廖崎、吴祥星、杨玉波、张合、周群、徐思钢、张宗远、马楠、张晓光、潘建、赵生校、贾超、张妍、朱军、岳蕾、谢宏文、杨林刚、黎静、夏建涛、刘云峰、李茂、陈寅其、郑新刚、郝为华、李岳军、陈小群、哈伟、曾辉、戴陈梦子、王志勇、苗寿波、彭华、钟永强。

电力系统治安反恐防范要求
第4部分:风力发电企业

1 范围

本文件规定了风力发电企业治安反恐防范的重点目标和重点部位、重点目标等级和防范级别、总体防范要求、常态三级防范要求、常态二级防范要求、常态一级防范要求、非常态防范要求和安全防范系统技术要求。

本文件适用于风力发电企业的治安反恐防范工作与管理。

2 规范性引用文件

下列文件中的内容通过文中的规范性引用而构成本文件必不可少的条款。其中,注日期的引用文件,仅该日期对应的版本适用于本文件;不注日期的引用文件,其最新版本(包括所有的修改单)适用于本文件。

GB/T 22239 信息安全技术 网络安全等级保护基本要求

GB/T 28181 公共安全视频监控联网系统信息传输、交换、控制技术要求

GB/T 30790.2 色漆和清漆 防护涂料体系对钢结构的防腐蚀保护 第2部分:环境分类

GB/T 32581 入侵和紧急报警系统技术要求

GB 35114 公共安全视频监控联网信息安全技术要求

GB 37300 公共安全重点区域视频图像信息采集规范

GB 50348 安全防范工程技术标准

GB/T 51096 风力发电场设计规范

3 术语和定义

GB 50348、GB/T 51096界定的以及下列术语和定义适用于本文件。

3.1

风电场 wind power station

由一批风力发电机组或风力发电机组群组成的电站。

[来源:GB/T 51096—2015,2.0.1]

3.2

风力发电企业 wind power company

拥有风电场并向市场提供电能的企业。

3.3

安全防范 security

综合运用人力防范、实体防范、电子防范等多种手段,预防、延迟、阻止入侵、盗窃、抢劫、破坏、爆炸、暴力袭击等事件的发生。

[来源:GB 50348—2018,2.0.1]

3.4

人力防范 personnel protection

具有相应素质的人员有组织的防范、处置等安全管理行为。

[来源:GB 50348—2018,2.0.2]

3.5

实体防范 physical protection

利用建(构)筑物、屏障、器具、设备或其组合,延迟或阻止风险事件发生的实体防护手段。

[来源:GB 50348—2018,2.0.3]

3.6

电子防范 electronic security

利用传感、通信、计算机、信息处理及其控制、生物特征识别等技术,提高探测、延迟、反应能力的防护手段。

[来源:GB 50348—2018,2.0.4]

3.7

安全防范系统 security system

以安全为目的,综合运用实体防护、电子防护等技术构成的防范系统。

[来源:GB 50348—2018,2.0.5]

3.8

常态防范 regular protection

运用人力防范、实体防范、电子防范等多种手段和措施,常规性预防、延迟、阻止发生治安和恐怖案事件的管理行为。

3.9

非常态防范 unusual protection

在重要会议、重大活动等重要时段以及获得涉重大治安、恐怖袭击案事件等预警信息或发生上述案事件时,相关企业临时性加强防范手段和措施,提升治安反恐防范能力的管理行为。

4 重点目标和重点部位

4.1 重点目标

风电场为风力发电企业治安反恐防范的重点目标。

4.2 重点部位

下列部位为风电场治安反恐防范的重点部位:

a) 升压变电站(或开关站);

b) 换流站;

c) 集控中心;

d) 其他经评估需要防范的部位。

5 重点目标等级和防范级别

5.1 风力发电企业治安反恐防范重点目标的等级由低到高分为三级重点目标、二级重点目标、一级重点目标,由公安机关会同有关部门、相关企业依据国家有关规定共同确定。

5.2 重点目标的防范分为常态防范和非常态防范。常态防范级别按防范能力由低到高分为三级防范、二级防范、一级防范，防范级别应与目标等级相适应。三级重点目标对应常态三级防范，二级重点目标对应常态二级防范，一级重点目标对应常态一级防范。

5.3 常态二级防范要求应在常态三级防范要求基础上执行，常态一级防范要求应在常态二级防范要求基础上执行，非常态防范要求应在常态防范要求基础上执行。

6 总体防范要求

6.1 新建、改建、扩建风电场的安全防范系统应与主体工程同步规划、同步设计、同步建设、同步验收、同步运行。已建、在建的风电场应按本文件要求补充完善安全防范系统。

6.2 风力发电企业应针对重点目标定期开展风险评估工作，综合运用人力防范、实体防范、电子防范等手段，按常态防范与非常态防范的不同要求，落实各项安全防范措施。

6.3 风力发电企业应建立健全治安反恐防范管理档案和台账，包括风电场的名称、地址或位置、目标等级、防范级别、企业负责人、站场负责人、保卫部门负责人，现有人力防范、实体防范、电子防范措施，总平面布置图、升压变电站(或开关站)布置图等。

6.4 风力发电企业应根据公安机关等政府有关部门的要求，依法提供风电场的相关信息和重要动态。

6.5 风力发电企业应对重要岗位人员进行安全背景审查。

6.6 风力发电企业应设立治安反恐防范专项资金，将治安反恐防范涉及费用纳入企业预算，保障治安反恐防范各项工作机制运转正常。

6.7 风力发电企业应建立安全防范系统运行与维护的保障体系和长效机制，定期对系统进行维护、保养，及时排除故障，保持系统处于良好的运行状态。

6.8 风力发电企业应针对治安反恐突发事件制定应急预案，并组织开展相关培训和定期演练。

6.9 风力发电企业应与属地公安机关等政府有关部门建立联防、联动、联治工作机制。

6.10 风力发电企业应建立治安反恐与安全生产等有关信息的共享和联动机制。

6.11 风力发电企业的网络与信息系统应合理划分安全区，明确安全保护等级，采取 GB/T 22239 中相应的安全保护等级的防护措施。

6.12 风力发电企业的生产控制大区网络与信息系统应符合网络专用、横向隔离、纵向认证等要求，采用安全隔离、远程通信防护等措施。

6.13 风力发电企业的卫星导航时间同步系统，应采取防干扰安全防护与隔离措施，具备常规电磁干扰信号入侵监测和实时告警能力、卫星信号拒止条件下高精度时间同步保持和干扰信号安全隔离能力，使用 GPS 为主授时的系统还应具备使用北斗信号原位加固授时防护与 GPS 信号安全隔离的能力。

6.14 风电场常态防范设施配置应符合附录 A 的规定。

7 常态三级防范要求

7.1 人力防范要求

7.1.1 风力发电企业应设置与安全保卫任务相适应的治安反恐工作保卫机构和安全保卫人员。

7.1.2 风力发电企业应建立健全值守巡逻、教育培训、检查考核、安全防范系统运行维护与保养等制度。

7.1.3 风力发电企业应针对重点目标每年至少组织一次治安反恐教育培训。

7.1.4 风力发电企业应针对重点目标每年至少组织一次治安反恐应急预案演练。

7.1.5 风力发电企业应对进入升压变电站(或开关站)、换流站、集控中心等重点部位的外来人员和交通工具进行核查和信息登记。

7.1.6 风电场保卫执勤人员应配备棍棒、钢叉等必要的护卫器械以及对讲机等必要的通信工具。

7.2 实体防范要求

7.2.1 陆上升压变电站(或开关站)、陆上换流站和陆上集控中心周界应建立实体围墙或金属栅栏等实体屏障,外侧整体高度(含防攀爬设施)应不小于 2.5 m。

7.2.2 陆上升压变电站(或开关站)、陆上换流站和陆上集控中心的周界出入口应设置车辆阻挡装置。车辆阻挡装置应不影响道路的承载能力和通行能力;采用电动操作的车辆阻挡装置,应具有手动应急操作功能。

7.3 电子防范要求

7.3.1 陆上升压变电站(或开关站)、陆上换流站及陆上集控中心周界及其主要出入口应安装视频监控装置,周界的视频监视及回放图像应能清晰显示周界区域人员活动情况,人员出入口的视频监视及回放图像应能清晰显示人员的体貌特征和出入情况,车辆出入口的视频监视及回放图像应能清晰显示出入车辆的号牌和通行情况。

7.3.2 海上风电场区域周界应设置船舶自动识别系统。

7.3.3 海上升压变电站(或开关站)、海上换流站应设置视频监控装置,视频监视及回放图像应能清晰显示船舶停靠和人员活动情况。

7.3.4 无人值守或重要负荷的风电场的电子防范系统应与上级调度控制中心或远程监控中心实现远程联网。

8 常态二级防范要求

8.1 人力防范要求

8.1.1 设置安防监控中心的,应配备值机操作人员 24 h 值守。

8.1.2 风力发电企业应对进入升压变电站(或开关站)、换流站、陆上集控中心的外来人员、交通工具及携带的物品进行安全检查。

8.2 电子防范要求

陆上升压变电站(或开关站)、陆上换流站、陆上集控中心的周界应安装入侵探测装置,探测范围应能对周界实现有效覆盖,不得有盲区。

9 常态一级防范要求

9.1 人力防范要求

9.1.1 风力发电企业应针对重点目标每半年至少组织一次治安反恐教育培训。

9.1.2 风力发电企业应针对重点目标每半年至少组织一次治安反恐应急预案演练。

9.1.3 陆上升压变电站(或开关站)、陆上换流站和陆上集控中心的周界出入口应设置门卫值班室,并 24 h 有人值守。

9.1.4 陆上升压变电站(或开关站)、陆上换流站和陆上集控中心的巡逻周期间隔应不大于 8 h。

9.2 实体防范要求

陆上风电场应配置巡逻机动车。

9.3 电子防范要求

9.3.1 门卫值班室应配备手持式金属探测器等安全检查设备。

9.3.2 设有安防监控中心、控制室、门卫值班室的，应设置紧急报警装置。

9.3.3 风力发电企业应配备使用符合国家法律、法规和有关要求的固定式反无人机主动防御系统，防御信号范围应覆盖陆上升压变电站(或开关站)、陆上换流站及陆上集控中心等重要部位。

10 非常态防范要求

10.1 人力防范要求

10.1.1 风力发电企业应启动应急响应机制，组织开展治安反恐动员，企业负责人应 24 h 带班组织防范工作，在常态防范基础上加强保卫力量。

10.1.2 风力发电企业应设置警戒区域，限制人员、车辆进出。

10.1.3 风力发电企业应对所有进入陆上升压变电站(或开关站)、陆上换流站、陆上集控中心的人员、车辆及所携带物品进行安全检查。

10.2 实体防范要求

10.2.1 风力发电企业应做好消防设备、救援器材、应急物资的有效性检查，确保正常使用。

10.2.2 风力发电企业应检查重点部位门、窗、锁、车辆阻挡装置等物防设施，消除安全隐患。

10.2.3 车辆阻挡装置应设置为阻截状态，严格控制外部车辆进入重点部位。

10.3 电子防范要求

10.3.1 风力发电企业应做好电子防范设施的运行保障工作，确保安全防范系统正常运行。

10.3.2 二级重点目标的风电场应配备使用符合国家法律、法规和有关要求的固定式或便携式反无人机主动防御系统，满足应急防范要求。

11 安全防范系统技术要求

11.1 一般要求

11.1.1 安全防范系统的设备和材料应符合相关标准并检验合格。

11.1.2 应对安全防范系统内具有计时功能的设备进行校时，设备的时钟与北京时间误差应不大于 5 s。

11.1.3 安装在海上的安全防范设备，防腐蚀等级应符合 GB/T 30790.2 的相关规定。

11.1.4 安全防范系统的各子系统应符合 GB 50348 的相关规定。

11.2 视频监控系统

11.2.1 系统监视和回放的视频图像的水平像素数应不小于 1 920，垂直像素数应不小于 1 080，视频图像帧率应不小于 25 fps。

11.2.2 视频图像信息应实时记录，保存期限应不少于 90 d。

11.2.3 系统应留有与公共安全视频图像信息共享交换平台联网的接口，联网信息传输、交换、控制协议应符合 GB/T 28181 的相关规定，联网信息安全应符合 GB 35114 的相关规定。

11.2.4 风电场涉及公共区域的视频图像信息的采集要求应符合 GB 37300 的相关规定。

11.3 入侵和紧急报警系统

11.3.1 系统应能探测报警区域内的入侵事件。系统报警后，安防监控中心或门卫值班室应能有声、光指示，并能准确指示发出报警的位置。

11.3.2 系统应具备防拆、开路、短路报警功能。

11.3.3 系统应具备自检功能和故障报警、断电报警功能。

11.3.4 系统应能与视频监控系统联动。

11.3.5 系统布防、撤防、故障和报警信息存储时间应不少于 90 d。

11.3.6 系统的其他要求应符合 GB/T 32581 的相关规定。

11.4 反无人机主动防御系统

11.4.1 系统发射功率和使用频段应符合国家有关规定。

11.4.2 系统应能自动 24 h 持续工作，无需人员值守。

11.4.3 系统的应用不得对周边重要设施产生有害干扰。

11.4.4 系统应用应有保障措施，不得对电力系统授时产生影响。

11.4.5 系统应具备国家级无线电检测鉴定机构出具的检测报告。

11.5 船舶自动识别系统

11.5.1 系统使用频段应符合国家有关规定。

11.5.2 系统应实时接收船舶位置、航速、航向等信息，并在电子海图上显示。

11.5.3 系统应具备船舶停留或航速过低时的报警功能，报警阈值可设定。

11.5.4 系统应配置甚高频电台，具备语音通信功能。

附 录 A
（规范性）
风电场常态防范设施配置

A.1 风电场常态防范设施配置应符合表 A.1 的规定。

表 A.1 风电场常态防范设施配置

<table>
<tr><th rowspan="2">序号</th><th rowspan="2" colspan="2">配置对象、区域或部位</th><th rowspan="2" colspan="2">防范设施</th><th colspan="3">配置要求</th></tr>
<tr><th>三级防范</th><th>二级防范</th><th>一级防范</th></tr>
<tr><td>1</td><td rowspan="7">陆上升压变电站（或开关站）、陆上换流站和陆上集控中心</td><td rowspan="3">周界</td><td>实体屏障</td><td>实体围墙或金属栅栏（含防攀爬设施）</td><td>●</td><td>●</td><td>●</td></tr>
<tr><td>2</td><td>视频监控系统</td><td>视频监控装置</td><td>●</td><td>●</td><td>●</td></tr>
<tr><td>3</td><td>入侵和紧急报警系统</td><td>入侵探测装置</td><td>—</td><td>●</td><td>●</td></tr>
<tr><td>4</td><td rowspan="3">周界出入口</td><td>实体屏障</td><td>车辆阻挡装置</td><td>●</td><td>●</td><td>●</td></tr>
<tr><td>5</td><td>视频监控系统</td><td>视频监控装置</td><td>●</td><td>●</td><td>●</td></tr>
<tr><td>6</td><td colspan="2">门卫值班室及安全检查设备</td><td>—</td><td>—</td><td>●</td></tr>
<tr><td>7</td><td>—</td><td colspan="2">固定式反无人机主动防御系统</td><td>—</td><td>—</td><td>●</td></tr>
<tr><td>8</td><td colspan="2">海上风电场区域周界</td><td colspan="2">船舶自动识别系统</td><td>●</td><td>●</td><td>●</td></tr>
<tr><td>9</td><td colspan="2">海上升压变电站（或开关站）、海上换流站</td><td>视频监控系统</td><td>视频监控装置</td><td>●</td><td>●</td><td>●</td></tr>
<tr><td>10</td><td colspan="2">陆上风电场</td><td colspan="2">巡逻机动车</td><td>—</td><td>—</td><td>●</td></tr>
<tr><td>11</td><td colspan="2">安防监控中心、控制室、门卫值班室</td><td>入侵和紧急报警系统</td><td>紧急报警装置</td><td>—</td><td>—</td><td>●</td></tr>
<tr><td>12</td><td colspan="2">控制室</td><td colspan="2">授时安全防护装置</td><td>●</td><td>●</td><td>●</td></tr>
<tr><td>13</td><td rowspan="2" colspan="2">保卫执勤岗位</td><td colspan="2">棍棒、钢叉等护卫器械</td><td>●</td><td>●</td><td>●</td></tr>
<tr><td>14</td><td colspan="2">对讲机等通信工具</td><td>●</td><td>●</td><td>●</td></tr>
<tr><td colspan="8">注：表中“●”表示“应配置”，“—”表示“不要求”。</td></tr>
</table>

参 考 文 献

[1] GB/T 30147 安防监控视频实时智能分析设备技术要求
[2] DL/T 5056 变电站总布置设计技术规程
[3] DL/T 5103 35 kV～220 kV 无人值班变电站设计规程
[4] DL/T 5218 220 kV～750 kV 变电站设计技术规程
[5] DL/T 5498 330 kV～500 kV 无人值班变电站设计技术规程
[6] GA/T 1343 防暴升降式阻车路障
[7] NB/T 31115 风电场工程 110 kV～220 kV 海上升压变电站设计规范
[8] 中华人民共和国反恐怖主义法
[9] 企业事业单位内部治安保卫条例
[10] 电力设施保护条例

ICS 13.320
CCS A 91

中华人民共和国公共安全行业标准

GA 1800.5—2021

电力系统治安反恐防范要求 第5部分:太阳能发电企业

Requirements for public security and counter-terrorist of electric power system—Part 5:Solar power companies

2021-04-25 发布　　2021-08-01 实施

中华人民共和国公安部　发布

前　言

本文件按照 GB/T 1.1—2020《标准化工作导则　第 1 部分：标准化文件的结构和起草规则》的规定起草。

本文件是 GA 1800—2021《电力系统治安反恐防范要求》的第 5 部分。GA 1800—2021 已经发布了以下部分：

——第 1 部分：电网企业；

——第 2 部分：火力发电企业；

——第 3 部分：水力发电企业；

——第 4 部分：风力发电企业；

——第 5 部分：太阳能发电企业；

——第 6 部分：核能发电企业。

本文件由国家反恐怖工作领导小组办公室，公安部治安管理局、公安部反恐怖局、公安部科技信息化局提出。

本文件由全国安全防范报警系统标准化技术委员会(SAC/TC 100)归口。

本文件起草单位：公安部治安管理局、公安部反恐怖局、公安部科技信息化局、国家能源局电力安全监管司、公安部第一研究所、水电水利规划设计总院、中国电建集团西北勘测设计研究院有限公司、中国电建集团中南勘测设计研究院有限公司、中国电建集团北京勘测设计研究院有限公司、中国水利水电建设工程咨询有限公司、中国电力建设集团有限公司、国家电投集团青海光伏产业创新中心有限公司、国家电投集团五凌电力有限公司、中国三峡新能源(集团)股份有限公司、中国水电工程顾问集团有限公司、公安部安全与警用电子产品质量检测中心、上海天跃科技股份有限公司、富盛科技股份有限公司。

本文件主要起草人：杨志刚、李茂、廖崎、吴祥星、杨玉波、张合、周群、徐思钢、张宗远、马楠、姚云龙、黎静、夏建涛、贾超、张妍、王继琳、周兴波、杜效鹄、朱军、张晓光、朱哲、潘建、郑新刚、郝为华、李岳军、庞秀岚、赵迪华、陈小群、王志勇、苗寿波、彭华、钟永强。

电力系统治安反恐防范要求 第5部分:太阳能发电企业

1 范围

本文件规定了太阳能发电企业治安反恐防范的重点目标和重点部位、重点目标等级和防范级别、总体防范要求、常态三级防范要求、常态二级防范要求、常态一级防范要求、非常态防范要求和安全防范系统技术要求。

本文件适用于装机容量大于或等于30 MW的太阳能发电企业的治安反恐防范工作与管理。

2 规范性引用文件

下列文件中的内容通过文中的规范性引用而构成本文件必不可少的条款。其中,注日期的引用文件,仅该日期对应的版本适用于本文件;不注日期的引用文件,其最新版本(包括所有的修改单)适用于本文件。

GB 3836.1 爆炸性环境 第1部分:设备 通用要求

GB/T 22239 信息安全技术 网络安全等级保护基本要求

GB/T 28181 公共安全视频监控联网系统信息传输、交换、控制技术要求

GB/T 32581 入侵和紧急报警系统技术要求

GB 35114 公共安全视频监控联网信息安全技术要求

GB/T 37078—2018 出入口控制系统技术要求

GB 37300 公共安全重点区域视频图像信息采集规范

GB 50348 安全防范工程技术标准

GA/T 644 电子巡查系统技术要求

3 术语和定义

GB 50348界定的以及下列术语和定义适用于本文件。

3.1

太阳能发电企业 solar power company

拥有太阳能发电站并向市场提供电能的企业。

3.2

光热发电站 solar thermal power plant

通过集中利用太阳能和热功转换过程,将太阳能转化为电能的发电站。

[来源:GB/T 51307—2018,2.0.1,有修改]

3.3

光热发电区 solar thermal power block

由储热区域、蒸汽发生器区域、汽轮机房、辅助加热区域、集中控制室和有关设施组成的相对集中的区域。

[来源:GB/T 51307—2018,2.0.6,有修改]

3.4

光伏发电站　photovoltaic (PV) power station

以光伏发电系统为主，包含各类建(构)筑物及检修、维护、生活等辅助设施在内的发电站。

[来源：GB 50797—2012，2.1.6]

3.5

安全防范　security

综合运用人力防范、实体防范、电子防范等多种手段，预防、延迟、阻止入侵、盗窃、抢劫、破坏、爆炸、暴力袭击等事件的发生。

[来源：GB 50348—2018，2.0.1]

3.6

人力防范　personnel protection

具有相应素质的人员有组织的防范、处置等安全管理行为。

[来源：GB 50348—2018，2.0.2]

3.7

实体防范　physical protection

利用建(构)筑物、屏障、器具、设备或其组合，延迟或阻止风险事件发生的实体防护手段。

[来源：GB 50348—2018，2.0.3]

3.8

电子防范　electronic security

利用传感、通信、计算机、信息处理及其控制、生物特征识别等技术，提高探测、延迟、反应能力的防护手段。

[来源：GB 50348—2018，2.0.4]

3.9

安全防范系统　security system

以安全为目的，综合运用实体防护、电子防护等技术构成的防范系统。

[来源：GB 50348—2018，2.0.5]

3.10

常态防范　regular protection

运用人力防范、实体防范、电子防范等多种手段和措施，常规性预防、延迟、阻止发生治安和恐怖案事件的管理行为。

3.11

非常态防范　unusual protection

在重要会议、重大活动等重要时段以及获得涉重大治安、恐怖袭击等预警信息或发生上述案事件时，相关企业临时性加强防范手段和措施，提升治安反恐防范能力的管理行为。

4　重点目标和重点部位

4.1　重点目标

光伏发电站和光热发电站为太阳能发电企业治安反恐防范的重点目标。

4.2　重点部位

4.2.1　下列部位为光伏发电站治安反恐防范的重点部位：

a)　升压变电站(或开关站)；

b） 集控中心(安防监控中心)。

4.2.2 下列部位为光热发电站治安反恐防范的重点部位：

a） 周界及主要出入口；

b） 站内主要道路；

c） 发电区周界；

d） 汽轮机房、启动锅炉房；

e） 燃油、燃气设施区；

f） 制(供)氢区；

g） 升压变电站(或开关站)；

h） 化学药品库；

i） 集控中心(安防监控中心)。

4.2.3 其他经评估需要防范的部位。

5 重点目标等级和防范级别

5.1 太阳能发电企业治安反恐防范重点目标的等级由低到高分为三级重点目标、二级重点目标、一级重点目标，由公安机关会同有关部门、相关企业依据国家有关规定共同确定。

5.2 重点目标的防范分为常态防范和非常态防范。常态防范级别按防范能力由低到高分为三级防范、二级防范、一级防范。防范级别应与目标等级相适应。三级重点目标对应常态三级防范，二级重点目标对应常态二级防范，一级重点目标对应常态一级防范。

5.3 常态二级防范要求应在常态三级防范要求基础上执行，常态一级防范要求应在常态二级防范要求基础上执行，非常态防范要求应在常态防范要求基础上执行。

6 总体防范要求

6.1 新建、改建、扩建太阳能发电站的安全防范系统应与主体工程同步规划、同步设计、同步建设、同步验收、同步运行。已建、在建的太阳能发电站应按本文件要求补充完善安全防范系统。

6.2 太阳能发电站应针对重点目标定期开展风险评估工作，综合运用人力防范、实体防范、电子防范等手段，按常态防范与非常态防范的不同要求，落实各项安全防范措施。

6.3 太阳能发电企业应建立健全治安反恐防范管理档案和台账，包括电站的名称、地址或位置、目标等级、防范级别、企业负责人、场站负责人、保卫部门负责人、现有人力防范、实体防范、电子防范措施，平面图、结构图等。

6.4 太阳能发电企业应根据公安机关等政府有关部门的要求，提供重点目标的相关信息和重要动态。

6.5 太阳能发电企业应对重要岗位人员进行安全背景审查。

6.6 太阳能发电企业应设立治安反恐防范专项资金，将治安反恐防范涉及费用纳入企业预算，保障治安反恐防范工作机制运转正常。

6.7 太阳能发电企业应建立安全防范系统运行与维护的保障体系和长效机制，定期对系统进行维护、保养，及时排除故障，保持系统处于良好的运行状态。

6.8 太阳能发电企业应针对治安反恐突发事件制定应急预案，并组织开展相关培训和演练。

6.9 太阳能发电企业应与属地公安机关等政府有关部门建立联防、联动、联治工作机制。

6.10 太阳能发电企业应建立治安反恐与安全生产等有关信息的共享和联动机制。

6.11 太阳能发电企业的网络与信息系统应合理划分安全区，明确安全保护等级，采取 GB/T 22239 中相应的安全保护等级的防护措施。

6.12 太阳能发电企业的生产控制大区网络与信息系统应符合网络专用、横向隔离、纵向认证等要求，采用安全隔离、远程通信防护等措施。

6.13 太阳能发电企业的卫星导航时间同步系统，应采取防干扰安全防护与隔离措施，具备常规电磁干扰信号入侵监测和实时告警能力、卫星信号拒止条件下高精度时间同步保持和干扰信号安全隔离能力，使用GPS为主授时的系统还应具备使用北斗信号原位加固授时防护与GPS信号安全隔离的能力。

6.14 太阳能发电企业重点目标常态防范设施配置应符合附录A的规定。

7 常态三级防范要求

7.1 人力防范要求

7.1.1 太阳能发电企业应设置与安全保卫任务相适应的治安反恐工作机构和保卫管理人员。

7.1.2 太阳能发电企业应建立健全巡逻、教育培训、检查考核、安全防范系统运行维护与保养等制度。

7.1.3 太阳能发电企业应针对重点目标每年至少组织一次治安反恐教育培训。

7.1.4 太阳能发电企业应针对重点目标每年至少组织一次治安反恐应急预案演练。

7.1.5 太阳能发电企业应对外来人员、车辆、物资进行核查和信息登记。

7.1.6 太阳能发电站保卫执勤人员应配备棍棒、钢叉等必要的护卫器械以及对讲机等必要的通信工具。

7.1.7 太阳能发电站集控中心(安防监控中心)应配备专职人员值守。

7.1.8 光热发电站保卫执勤人员应对重点部位进行日常巡逻，发现安全隐患应进行整改，并保存检查、整改记录。巡逻周期间隔应不大于24 h。

7.1.9 光热发电站化学药品库应实行双人双锁管理。

7.2 实体防范要求

7.2.1 光伏发电站升压变电站(或开关站)周界应设置实体围墙或金属栅栏，外侧整体高度(含防攀爬设施)应不小于2.5 m。

7.2.2 光伏发电站升压变电站(或开关站)主出入口外应设置机动车减速带、车辆引导区和“限速”等标志。

7.2.3 光热发电站周界应设置实体围墙或金属栅栏。

7.2.4 光热发电站周界的出入口外应设置机动车减速带、车辆引导区和“限速”等标志。

7.2.5 光热发电区周界应设置高度(含防攀爬设施)不小于2.5 m的实体围墙或金属栅栏。

7.3 电子防范要求

7.3.1 光伏发电站升压变电站(或开关站)周界应设置视频监控装置，监视及回放图像应能清晰显示周界区域的人员活动状况。

7.3.2 光伏发电站升压变电站(或开关站)周界出入口应设置视频监控装置，人员出入口的视频监视及回放图像应能清晰显示人员的体貌特征和出入情况，车辆出入口的视频监视及回放图像应能清晰显示出入车辆的号牌和通行情况。

7.3.3 光热发电站周界应设置视频监控装置，监视及回放图像应能清晰显示周界区域的人员活动情况。

7.3.4 光热发电站周界出入口应设置视频监控装置，监视及回放图像应能清晰显示出入人员的体貌特征和出入车辆的号牌。

7.3.5 光热发电站站内主要道路应设置视频监控装置，监视和回放图像应能清晰显示人员活动和车辆通行情况。

7.3.6　光热发电站发电区周界应设置视频监控装置，监视及回放图像应能清晰显示周界区域的人员活动情况。

7.3.7　光热发电站发电区周界出入口应设置视频监控装置，人员出入口的视频监视及回放图像应能清晰显示人员的体貌特征和出入情况，车辆出入口的视频监视及回放图像应能清晰显示出入车辆的号牌和通行情况。

7.3.8　光热发电站汽轮机房、启动锅炉房周界应设置视频监控装置，监视及回放图像应能清晰显示汽轮机房、启动锅炉房周围区域的人员活动情况和出入人员的体貌特征。

7.3.9　光热发电站汽轮机房、启动锅炉房内部应设置视频监控装置，监视及回放图像应能清晰显示区域内的人员活动情况。

7.3.10　光热发电站燃油(燃气)设施区、制(供)氢区、升压变电站(或开关站)、化学药品库、集控中心(安防监控中心)的出入口应设置出入口控制装置和视频监控装置，对出入人员进行管理，监视及回放图像应能清晰显示出入人员的体貌特征。

8　常态二级防范要求

8.1　人力防范要求

8.1.1　光热发电站主出入口应 24 h 有人值守。

8.1.2　光热发电站应对外来人员、车辆及所携带的物品进行安全检查。

8.2　实体防范要求

8.2.1　光伏发电站升压变电站(或开关站)的主出入口应设置车辆阻挡装置，车辆阻挡装置不应影响道路的承载能力和通行能力；当采用电动和遥控操作时，应具有手动应急操作功能。

8.2.2　光热发电站主出入口应设置门卫值班室和车辆阻挡装置，车辆阻挡装置不应影响道路的承载能力和通行能力；当采用电动和遥控操作时，应具有手动应急操作功能。

8.3　电子防范要求

8.3.1　光伏发电站升压变电站(或开关站)周界应设置入侵探测装置，探测范围应能对周界实现全覆盖，不得有盲区。

8.3.2　光伏发电站值班室应设置紧急报警装置。

8.3.3　光热发电站值班室应设置紧急报警装置。

8.3.4　光热发电站重点部位应设置电子巡查装置。

8.3.5　光热发电站门卫值班室应配备手持式金属探测器、防爆毯等安全检查、处置设备。

8.3.6　电站应配备使用符合国家法律、法规和有关要求的固定式反无人机主动防御系统，防御信号范围应覆盖光热发电区。

9　常态一级防范要求

9.1　人力防范要求

9.1.1　太阳能发电站巡逻周期间隔应不大于 12 h。

9.1.2　太阳能发电站应每半年至少组织一次治安反恐教育培训。

9.1.3　太阳能发电站应每半年至少组织一次治安反恐应急预案演练。

9.2 实体防范要求

9.2.1 光热发电区周界主出入口应设置车辆阻挡装置，车辆阻挡装置不应影响道路的承载能力和通行能力。

9.2.2 光热发电站导热油罐区、燃油罐区、天然气贮存设施区出入口应设置车辆阻挡装置，车辆阻挡装置不应影响道路的承载能力和通行能力。

10 非常态防范要求

10.1 人力防范要求

10.1.1 太阳能发电企业应启动应急响应机制，组织开展治安反恐动员，企业负责人应 24 h 带班组织防范工作，在常态防范基础上加强保卫力量。

10.1.2 太阳能发电站应设置警戒区域，对人员、车辆实行进入许可管控。

10.1.3 保卫执勤人员对重点部位的巡逻周期间隔应不大于 8 h。

10.1.4 太阳能发电站应加强对出入站区的人员、车辆及所携带物品的安全检查，对外来人员携带的物品进行安全检查。

10.2 实体防范要求

10.2.1 太阳能发电站应做好消防设备、救援器材、应急物资的有效性检查，确保正常使用。

10.2.2 太阳能发电站应定期检查重点部位的门、窗、锁、车辆阻挡装置等物防设施，消除安全隐患。

10.2.3 车辆阻挡装置应设置为阻截状态，严格控制外部车辆进入重点部位。

10.3 电子防范要求

10.3.1 太阳能发电站应做好电子防范设施、通信设备的检查和维护，确保安全防范系统正常运行及通信设备正常使用。

10.3.2 二级重点目标的光伏发电企业应配备使用符合国家法律、法规和有关要求的固定式或便携式反无人机主动防御系统，满足应急防范要求。

11 安全防范系统技术要求

11.1 一般要求

11.1.1 安全防范系统的设备和材料应符合相关标准并检验合格。

11.1.2 应对安全防范系统内具有计时功能的设备进行校时，设备的时钟与北京时间误差不应大于 5 s。

11.1.3 防爆环境使用的安全电子防范设备，防爆等级应符合 GB 3836.1 的相关规定。

11.1.4 安全防范系统的各子系统应符合 GB 50348 的相关规定。

11.2 入侵和紧急报警系统

11.2.1 系统应能探测报警区域内的入侵事件。系统报警后，安防监控中心(室)应能有声、光指示，并能准确指示发出报警的位置。

11.2.2 系统应具备防拆、开路、短路报警功能。

11.2.3 系统应具备自检功能和故障报警、断电报警功能。

11.2.4 系统应能与视频监控系统联动。

11.2.5 系统布防、撤防、故障和报警信息存储时间应不少于 90 d。

11.2.6 系统的其他要求应符合 GB/T 32581 的相关规定。

11.3 视频监控系统

11.3.1 系统监视和回放图像的水平像素数应不小于 1 920,垂直像素数应不小于 1 080,视频图像帧率应不小于 25 fps。

11.3.2 系统应能与入侵和紧急报警系统联动。

11.3.3 视频图像信息应实时记录,存储时间应不少于 90 d。

11.3.4 涉及公共区域的视频图像信息的采集要求应符合 GB 37300 的相关规定。

11.3.5 系统应留有与公共安全视频图像信息共享交换平台联网的接口,信息传输、交换、控制协议应符合 GB/T 28181 的相关规定,联网信息安全应符合 GB 35114 的相关规定。

11.4 出入口控制系统

11.4.1 系统应能对强行破坏、非法进入的行为发出报警信号,报警信号应与相关出入口的视频图像联动。

11.4.2 系统信息存储时间应不少于 180 d。

11.4.3 系统应满足紧急逃生时人员疏散的相关要求。

11.4.4 人员出入口控制系统的安全等级不应低于 GB/T 37078—2018 中规定的 2 级要求。

11.5 电子巡查系统

11.5.1 巡查路线、巡查时间应能根据安全管理需要进行设定和修改。

11.5.2 巡查记录保存时间应不少于 90 d。

11.5.3 系统其他要求应符合 GA/T 644 的相关规定。

11.6 反无人机主动防御系统

11.6.1 系统发射功率和使用频段应符合国家有关规定。

11.6.2 系统应能自动 24 h 持续工作,无需人员值守。

11.6.3 系统的应用不得对周边重要设施产生有害干扰。

11.6.4 系统应用应有保障措施,不得对电力系统授时产生影响。

11.6.5 系统应具备国家级无线电检测鉴定机构出具的检测报告。

附 录 A
（规范性）
太阳能发电企业常态防范设施配置

A.1 光伏发电站常态防范设施配置应符合表 A.1 的规定。

表 A.1 光伏发电站常态防范设施配置

序号	重点部位		防范设施		配置要求		
					三级重点目标	二级重点目标	一级重点目标
1	升压变电站（或开关站）	周界	实体防护设施	围墙或金属栅栏	●	●	●
2			视频监控系统	视频监控装置	●	●	●
3			入侵和紧急报警系统	入侵报警装置	—	●	●
4		主出入口	实体防护设施	机动车减速带、车辆引导区和“限速”标志等	●	●	●
5				车辆阻挡装置	—	●	●
6			视频监控系统	视频监控装置	●	●	●
7		值班室	入侵和紧急报警系统	紧急报警装置	—	●	●
8		控制室	授时安全防护装置		●	●	●
9	保卫执勤岗位		棍棒、钢叉等防卫器械		●	●	●
10			对讲机等通信工具		●	●	●
注：表中“●”表示“应配置”，“—”表示“不要求”。							

A.2 光热发电站常态防范设施配置应符合表 A.2 的规定。

表 A.2 光热发电站常态防范设施配置

序号	重点部位	防范设施		配置要求		
				三级重点目标	二级重点目标	一级重点目标
1	电站周界	实体防护设施	围墙或金属栅栏	●	●	●
2		视频监控系统	视频监控装置	●	●	●
3	电站周界出入口	实体防护设施	机动车减速带、车辆引导区和“限速”标志等	●	●	●
4			车辆阻挡装置	—	●	●
5			门卫值班室	—	●	●
6		视频监控系统	视频监控装置	●	●	●
7	电站门卫值班室	手持式金属探测器、防爆毯		—	●	●

表 A.2　光热发电站常态防范设施配置（续）

<table>
<tr><th rowspan="2">序号</th><th rowspan="2" colspan="2">重点部位</th><th rowspan="2" colspan="2">防范设施</th><th colspan="3">配置要求</th></tr>
<tr><th>三级
重点目标</th><th>二级
重点目标</th><th>一级
重点目标</th></tr>
<tr><td>8</td><td colspan="2">值班室</td><td>入侵和紧急报警系统</td><td>紧急报警装置</td><td>—</td><td>●</td><td>●</td></tr>
<tr><td>9</td><td colspan="2">控制室</td><td colspan="2">授时安全防护装置</td><td>●</td><td>●</td><td>●</td></tr>
<tr><td>10</td><td colspan="2">主要道路</td><td>视频监控系统</td><td>视频监控装置</td><td>●</td><td>●</td><td>●</td></tr>
<tr><td>11</td><td colspan="2">电站重点部位</td><td>电子巡查系统</td><td>电子巡查装置</td><td>—</td><td>●</td><td>●</td></tr>
<tr><td>12</td><td rowspan="4">发电区</td><td rowspan="2">周界</td><td>实体防护设施</td><td>围墙或金属栅栏</td><td>●</td><td>●</td><td>●</td></tr>
<tr><td>13</td><td>视频监控系统</td><td>视频监控装置</td><td>●</td><td>●</td><td>●</td></tr>
<tr><td>14</td><td rowspan="2">主出入口</td><td>实体防护设施</td><td>车辆阻挡装置</td><td>—</td><td>—</td><td>●</td></tr>
<tr><td>15</td><td>视频监控系统</td><td>视频监控装置</td><td>●</td><td>●</td><td>●</td></tr>
<tr><td>16</td><td colspan="2">电站内部、发电区</td><td colspan="2">固定式反无人机主动防御系统</td><td>—</td><td>●</td><td>●</td></tr>
<tr><td>17</td><td colspan="2">导热油罐区、燃油罐区、天然气贮存区出入口</td><td>实体防护设施</td><td>车辆阻挡装置</td><td>—</td><td>—</td><td>●</td></tr>
<tr><td>18</td><td rowspan="2">汽轮机房、启动锅炉房</td><td>周界</td><td rowspan="2">视频监控系统</td><td rowspan="2">视频监控装置</td><td rowspan="2">●</td><td rowspan="2">●</td><td rowspan="2">●</td></tr>
<tr><td>19</td><td>内部</td></tr>
<tr><td>20</td><td colspan="2" rowspan="2">燃油（燃气）设施区、制（供）氢区、升压变电站（或开关站）、化学药品库、集控中心（安防监控中心）等出入口</td><td>视频监控系统</td><td>视频监控装置</td><td>●</td><td>●</td><td>●</td></tr>
<tr><td>21</td><td>出入口控制系统</td><td>出入口控制装置</td><td>●</td><td>●</td><td>●</td></tr>
<tr><td>22</td><td colspan="2" rowspan="2">保卫执勤岗位</td><td colspan="2">棍棒、钢叉等防卫器械</td><td>●</td><td>●</td><td>●</td></tr>
<tr><td>23</td><td colspan="2">对讲机等通信工具</td><td>●</td><td>●</td><td>●</td></tr>
<tr><td colspan="8">注：表中“●”表示“应配置”，“—”表示“不要求”。</td></tr>
</table>

参 考 文 献

[1] GB 50797 光伏发电站设计规范
[2] GB/T 51307 塔式太阳能光热发电站设计标准
[3] GB/T 51396 槽式太阳能光热发电站设计标准
[4] GA/T 761 停车库(场)安全管理系统技术要求
[5] DL/T 5218 220 kV～750 kV 变电站设计技术规程
[6] 中华人民共和国反恐怖主义法
[7] 企业事业单位内部治安保卫条例

ICS 13.320
CCS A 91

中华人民共和国公共安全行业标准

GA 1800.6—2021

电力系统治安反恐防范要求 第6部分：核能发电企业

Requirements for public security and counter-terrorist of electric power system—Part 6: Nuclear power companies

2021-04-25 发布　　2021-08-01 实施

中华人民共和国公安部　发布

前　言

本文件按照GB/T 1.1—2020《标准化工作导则　第1部分:标准化文件的结构和起草规则》的规定起草。

本文件是GA 1800—2021《电力系统治安反恐防范要求》的第6部分。GA 1800—2021已经发布了以下部分:

——第1部分:电网企业;

——第2部分:火力发电企业;

——第3部分:水力发电企业;

——第4部分:风力发电企业;

——第5部分:太阳能发电企业;

——第6部分:核能发电企业。

本文件由国家反恐怖工作领导小组办公室,公安部治安管理局、公安部反恐怖局、公安部科技信息化局提出。

本文件由全国安全防范报警系统标准化技术委员会(SAC/TC 100)归口。

本文件起草单位:公安部治安管理局、公安部反恐怖局、公安部科技信息化局、国家国防科技工业局系统工程二司、国家国防科技工业局核应急安全司、生态环境部核设施安全监管司、公安部第一研究所、公安部安全与警用电子产品质量检测中心、国家核安保技术中心、国家核应急响应技术支持中心、生态环境部核与辐射安全中心、中国核能电力股份有限公司、中国核电工程有限公司、中核核电运行管理有限公司、北京艾克塞斯科技发展有限责任公司、江苏固耐特围栏系统股份有限公司。

本文件主要起草人:廖崎、吴祥星、杨玉波、李帆、朱峰、王进军、谢鹏、张家利、徐思钢、张宗远、张凡忠、王黎明、仇春华、李新邦、程有莹、邓安嫦、张敏、刘天舒、李春、沈哲、郭璇、韦红、王长征、姜凯、周慧敏、黄立。

电力系统治安反恐防范要求
第6部分:核能发电企业

1 范围

本文件规定了核能发电企业治安反恐防范的重点目标和重点部位、总体防范要求、常态防范要求、非常态防范要求以及安全防范系统技术要求。

本文件适用于核能发电企业的治安反恐防范工作与管理。

2 规范性引用文件

下列文件中的内容通过文中的规范性引用而构成本文件必不可少的条款。其中,注日期的引用文件,仅该日期对应的版本适用于本文件;不注日期的引用文件,其最新版本(包括所有的修改单)适用于本文件。

GB 3836.1 爆炸性环境 第1部分:设备 通用要求
GB 12899 手持式金属探测器通用技术规范
GB 15208.1 微剂量X射线安全检查设备 第1部分:通用技术要求
GB 15210 通过式金属探测门通用技术规范
GB/T 15408 安全防范系统供电技术要求
GB 17565—2007 防盗安全门通用技术条件
GB/T 22239 信息安全技术 网络安全等级保护基本要求
GB/T 28181 公共安全视频监控联网系统信息传输、交换、控制技术要求
GB/T 30147 安防监控视频实时智能分析设备技术要求
GB/T 32581—2016 入侵和紧急报警系统技术要求
GB 35114 公共安全视频监控联网信息安全技术要求
GB/T 37078—2018 出入口控制系统技术要求
GB 37300 公共安全重点区域视频图像信息采集规范
GB 50198—2011 民用闭路监视电视系统工程技术规范
GB 50348 安全防范工程技术标准
GA 69 防爆毯
GA/T 644 电子巡查系统技术要求

3 术语和定义

GB 50348 界定的以及下列术语和定义适用于本文件。

3.1

核电站(厂) nuclear (thermal) power station

由核反应堆获得热能的热力发电站。

[来源:GB/T 2900.52—2008,602-01-27]

3.2

核能发电企业　nuclear power company

具有一座或多座核电站(厂),向市场提供电能和(或)热能以及服务的企业。

3.3

安全防范　security

综合运用人力防范、实体防范、电子防范等多种手段,预防、延迟、阻止入侵、盗窃、抢劫、破坏、爆炸、暴力袭击等事件的发生。

[来源:GB 50348—2018,2.0.1]

3.4

人力防范　personnel protection

具有相应素质的人员有组织的防范、处置等安全管理行为。

[来源:GB 50348—2018,2.0.2]

3.5

实体防范　physical protection

利用建(构)筑物、屏障、器具、设备或其组合,延迟或阻止风险事件发生的实体防护手段。

[来源:GB 50348—2018,2.0.3]

3.6

电子防范　electronic security

利用传感、通信、计算机、信息处理及其控制、生物特征识别等技术,提高探测、延迟、反应能力的防护手段。

[来源:GB 50348—2018,2.0.4]

3.7

安全防范系统　security system

以安全为目的,综合运用实体防护、电子防护等技术构成的防范系统。

[来源:GB 50348—2018,2.0.5]

3.8

控制区　limited access area

用于保护核电站和核材料,由完整的实体屏障所围绕,出入受到限制和控制的指定区域。

[来源:EJ/T 1054—2018,3.20]

3.9

保护区　protected area

处于控制区内,由完整可靠的实体屏障包围,周界上设有探测及报警复核装置,内有保护等级为二级及二级以上核材料和重要系统设备等保护目标,出入受到严格限制和控制的区域。

[来源:EJ/T 1054—2018,3.21]

3.10

要害区　vital area

处于保护区内,由完整可靠的实体屏障包围,周界上设有探测及报警复核装置,内有保护等级为一级的核材料和重要系统设备等保护目标,出入受到严格限制和控制的区域。

[来源:EJ/T 1054—2018,3.22]

3.11

管理区　management area

在控制区、保护区、要害区以外,具有企业管理权限的边界、受核电厂营运单位有效控制的核电站(厂)所在区域。

3.12

实物保护系统　physical protection system

设置在控制区、保护区、要害区内，用于阻止破坏核设施及核材料，以及防止盗窃、抢劫或擅自转移和使用核材料活动的安全防范系统。

[来源：EJ/T 1054—2018，3.6，有修改]

3.13

常态防范　regular protection

运用人力防范、实体防范、电子防范等多种手段和措施，常规性预防、延迟、阻止发生治安和恐怖案事件的管理行为。

3.14

非常态防范　unusual protection

在重要会议、重大活动等重要时段以及获得涉重大治安、恐怖袭击等预警信息或发生上述案事件时，相关企业临时性加强防范手段和措施，提升治安反恐防范能力的管理行为。

3.15

核应急　nuclear emergency

为控制核事故、缓解核事故、减轻核事故后果而采取的不同于正常秩序和正常工作程序的紧急行为。

3.16

应急出入口　emergency portal

平时无人值守且日常处于关闭状态的出入口。

4　重点目标和重点部位

4.1　重点目标

核电站(厂)为核能发电企业治安反恐防范的重点目标。

4.2　重点部位

4.2.1　核电站(厂)应按照纵深防御、均衡保护原则实施分区保护，从外向里应分别设置管理区、控制区、保护区和要害区。

4.2.2　下列部位确定为重点部位。

a)　周界。包括管理区周界、控制区周界、保护区周界和要害区周界。
b)　周界出入口。包括管理区周界出入口、控制区周界出入口、保护区周界出入口和要害区周界出入口。
c)　主要道路。包括管理区主要道路，控制区、保护区和要害区主要道路。
d)　管理区主要建(构)筑物。
e)　管理区安防监控中心(室)。
f)　保卫控制中心。
g)　其他重点部位：
    1)　反应堆厂房、核燃料厂房、主控室；
    2)　汽轮机房、主变压器、开关站区域；
    3)　危险化学品库、放射源库；
    4)　冷却水泵房；

5） 核材料数据库机房。

h） 其他经评估需要防范的部位。

5 总体防范要求

5.1 新建、改建、扩建核电站（厂）的安全防范系统应与主体工程同步规划、同步设计、同步建设、同步验收、同步运行。已建、在建的核电站（厂）应按本文件要求补充完善安全防范系统。

5.2 核电站（厂）应定期开展风险评估工作，综合运用人力防范、实体防范、电子防范等手段，按常态防范与非常态防范的不同要求，落实各项安全防范措施。

5.3 核电站（厂）应建立健全治安反恐防范管理档案和台账，包括重点目标的名称、地址或位置、企业负责人、保卫部门管理负责人，现有人力防范、实体防范、电子防范措施等。

5.4 核电站（厂）应根据公安机关等政府有关部门的要求，提供核电站（厂）的相关信息和重要动态。

5.5 核电站（厂）应对重要岗位人员进行安全背景审查。

5.6 核电站（厂）应设立治安反恐防范专项资金，将治安反恐防范涉及费用纳入企业预算，保障治安反恐防范工作机制运转正常。

5.7 核电站（厂）应建立安全防范系统运行与维护的保障体系和长效机制，定期对系统进行维护，及时排除故障，保持系统处于良好的运行状态。

5.8 核电站（厂）应制定治安反恐突发事件应急预案和现场处置方案，并与场内核应急预案衔接，应组织开展相关培训和定期演练。

5.9 核电站（厂）应与属地公安机关等政府有关部门及武警部队建立联防、联动、联治工作机制。

5.10 核电站（厂）应建立治安反恐与安全生产等有关信息的共享和联动机制。

5.11 核电站（厂）的网络与信息系统应合理划分安全区，明确安全保护等级，采取GB/T 22239中相应安全保护等级的防护措施。

5.12 核电站（厂）的生产控制大区网络与信息系统应落实网络专用、横向隔离、纵向认证等要求，采用安全隔离、远程通信防护等措施。

5.13 实物保护系统应与管理区安全防范系统分开，并独立设置。

5.14 控制区以内的其他安全防范系统设施应纳入实物保护系统统一管理。

5.15 核电站（厂）的卫星导航时间同步系统，应采取防干扰安全防护与隔离措施，具备常规电磁干扰信号入侵监测和实时告警能力、卫星信号拒止条件下高精度时间同步保持和干扰信号安全隔离能力，使用GPS为主授时的系统还应具备使用北斗信号原位加固授时防护与GPS信号安全隔离的能力。

5.16 核能发电企业治安反恐常态防范措施与设施配置应符合附录A的要求。

5.17 核电站（厂）应按附录B的要求，制定防爆安检方案。

6 常态防范要求

6.1 人力防范

6.1.1 一般要求

6.1.1.1 核电站（厂）应设立治安反恐工作领导机构及安全保卫部门，配备专职保卫管理人员，建立健全包括值守巡逻、人员培训、检查考核、授权上岗、安全防范系统运行与维护等制度和措施。

6.1.1.2 核电站（厂）应配备专职保卫执勤人员（安保警卫人员）。

6.1.1.3 核电站（厂）应对承担电厂安保工作的机构及人员资质进行审查。

6.1.1.4 核电站（厂）应对进厂人员进行查验，办理审批、备案、通行手续。

6.1.1.5 核电站(厂)应每半年至少组织一次治安反恐教育培训。

6.1.1.6 核电站(厂)应每半年至少组织一次治安反恐应急预案演练。

6.1.1.7 核电站(厂)应对安保警卫人员定期进行体能训练、业务培训和考核授权，确保其熟悉治安反恐应急预案和核应急预案的相关内容，能够做到响应及时、报告准确。

6.1.1.8 核电站(厂)的安保警卫人员应配备棍棒、钢叉、盾牌、头盔、防刺背心等防卫防护装备器材及对讲机等必要的通信工具。

6.1.1.9 核电站(厂)应在管理区和实物保护区域设置流动岗，对各区域的周界及其他重点部位进行日常巡逻，协助处置其他岗位发生的突发事件，执行应急任务；应采用 24 h 值班制，应有不少于 8 名安保警卫人员，每班人数应不少于 2 人，单次巡逻时间不大于 2 h 时，巡逻周期间隔应不大于 4 h，单次巡逻时间大于 2 h 时，巡逻周期间隔应不大于 24 h。

6.1.2 管理区周界出入口

6.1.2.1 应在主出入口设置固定岗，对进出厂区人员、车辆、物资进行检查验证工作，执行出入口的执勤、警戒任务，处置出入口发生的各类突发事件，执行应急任务。

6.1.2.2 主出入口应配置安保警卫人员 24 h 值守，岗位人数应不少于 8 人，每班人数应不少于 2 人。

6.1.2.3 在需要开启应急出入口时，应有安保警卫人员现场监视。

6.1.3 管理区安防监控中心(室)

6.1.3.1 应设置固定岗，能熟练操作相关设备和软件，熟悉治安反恐应急预案，处置各类报警信号，协助处置管理区其他岗位发生的突发事件，执行应急任务。

6.1.3.2 应配置安保警卫人员 24 h 值守。

6.1.4 控制区周界出入口、保护区周界出入口

6.1.4.1 应在主出入口设置固定岗，对出入人员、车辆、物资进行检查验证，执行出入口的警戒及处置各类突发事件。应在保护区周界主出入口配置符合 GA 69 规定的防爆毯等处置装备。

6.1.4.2 主出入口应配置安保警卫人员 24 h 值守，岗位人数应不少于 8 人，每班人数应不少于 2 人。

6.1.4.3 在需要开启应急出入口时，应有安保警卫人员现场监视。

6.1.5 要害区周界出入口

在需要开启应急出入口时，应有安保警卫人员现场监视。

6.1.6 保卫控制中心

6.1.6.1 应设置固定岗，能熟练操作安防管理平台的相关设备和软件，熟悉治安反恐应急预案，处置各类报警系统产生的报警信号，协助处置控制区内其他岗位发生的突发事件，执行应急任务。

6.1.6.2 应配置安保警卫人员 24 h 值守，岗位人数应不少于 8 人，每班人员应不少于 2 人。

6.2 实体防范

6.2.1 管理区周界

6.2.1.1 周界实体屏障应结合地形地貌和防护要求，采用金属栅栏、围栏、围墙、建(构)筑物外墙、崖壁、防浪堤等形成封闭的实体屏障。实体屏障外侧整体高度(含防攀爬设施)应不小于 2.5 m。

6.2.1.2 应设置未经允许禁止入内、攀登、翻越、通行等警示标志。

6.2.2 管理区周界出入口

6.2.2.1 主要出入口应设置岗亭、出入口实体屏障、照明设施、机动车减速带和“限速”等标志。
6.2.2.2 应急出入口日常应处于关闭状态。

6.2.3 管理区安防监控中心(室)

出入口应安装门体强度不低于GB 17565—2007中乙级要求的防盗门。

6.2.4 控制区周界

6.2.4.1 应采用顶部设置有防攀爬设施的围栏型或墙体型实体屏障,进行封闭。
6.2.4.2 实体屏障的垂直部分有效高度应不小于2.5 m。实体屏障外侧整体高度(含防攀爬设施)应不小于2.9 m。
6.2.4.3 实体屏障的内外两侧各设置开阔区域,在开阔区域内不得存在攀爬过周界及妨碍视频监控的树木、堆积物和地形。
6.2.4.4 实体屏障的内侧应设置人员巡逻通道及车辆巡逻通道。
6.2.4.5 跨越周界实体屏障下方若有通径大于50 cm的水渠、涵洞或管沟,以及其他易于人员穿越的无人值守开口,应在周界下方安装实体屏障。
6.2.4.6 当地下廊道跨越周界实体屏障时,应在实体屏障相应的地下部位设置坚固的实体屏障或通道门。当设置通道门时,应采取出入控制措施。

6.2.5 控制区周界出入口

6.2.5.1 出入口数量应保持在最低限度,出入口实体屏障延迟能力应与邻近的实体屏障匹配。
6.2.5.2 人员出入口与车辆出入口应分开设置。
6.2.5.3 人员主出入口应采用延迟能力不低于三辊闸的控制执行设备。
6.2.5.4 车辆主出入口应设置车辆减速装置。
6.2.5.5 应设置警卫室。
6.2.5.6 应急出入口日常应处于关闭状态。

6.2.6 保护区周界

6.2.6.1 应设置完整可靠的内外双层围栏型实体屏障,进行封闭。
6.2.6.2 内围栏顶部应设置防攀爬设施,内围栏垂直部分有效高度应不小于2.5 m,内围栏外侧整体高度(含防攀爬设施)应不小于2.9 m。外围栏的垂直部分有效高度应不小于1.5 m。
6.2.6.3 双层围栏间应设置隔离带,隔离带内应地势平坦、防止积水,不应存在干扰探测系统运行和复核的人造或天然物体,且不应存在建筑及堆积物和有助于入侵者穿越隔离带的物体,不应有杂草和树木。
6.2.6.4 实体屏障的内外两侧各设置开阔区域,在开阔区域内不得存在攀爬过周界及妨碍视频监控的树木、堆积物和地形。
6.2.6.5 实体屏障的内侧应设置人员巡逻通道及车辆巡逻通道。
6.2.6.6 跨越周界实体屏障下方若有通径大于50 cm的水渠、涵洞或管沟,以及其他易于人员穿越的无人值守开口,应在周界下方安装实体屏障。
6.2.6.7 当地下廊道跨越周界实体屏障时,应在实体屏障相应的地下部位设置坚固的实体屏障或通道门。当设置通道门时,应采取出入控制措施。

6.2.7 保护区周界出入口

6.2.7.1 出入口数量应保持在最低限度，出入口实体屏障延迟能力应与邻近的实体屏障匹配。

6.2.7.2 人员出入口与车辆出入口应分开设置。

6.2.7.3 人员出入口应采用延迟能力不低于90°全高封闭旋转栅门的控制执行设备。

6.2.7.4 车辆主出入口应设置双道门的车辆检查通道以及车辆阻挡装置。采用电动操作的车辆阻挡装置，应具有手动应急操作功能。

6.2.7.5 应设置警卫室。

6.2.7.6 应急出入口日常应处于关闭状态。

6.2.8 要害区周界

6.2.8.1 应设置完整可靠的实体屏障，应采用双层围栏型实体屏障，或采用建(构)筑物墙体作为实体屏障。

6.2.8.2 双层围栏的要求应符合6.2.6.2及6.2.6.3的规定。

6.2.8.3 当采用建(构)筑物墙体作为实体屏障时，其结构强度应不低于20 cm的钢筋混凝土层，墙上门窗需加固。

6.2.8.4 实体屏障的外侧设置开阔区域，在开阔区域内不得存在攀爬过周界及妨碍视频监控的树木、堆积物和地形。

6.2.8.5 实体屏障的外侧应设置人员巡逻通道及车辆巡逻通道。

6.2.8.6 跨越周界实体屏障下方若有通径大于50 cm的水渠、涵洞或管沟，以及其他易于人员穿越的无人值守开口，应在周界下方安装实体屏障。

6.2.8.7 当地下廊道跨越周界实体屏障时，应在实体屏障相应的地下部位设置坚固的实体屏障或通道门。当设置通道门时，应采取出入控制措施。

6.2.9 要害区周界出入口

6.2.9.1 出入口数量应保持在最低限度，出入口实体屏障延迟能力应与邻近的实体屏障匹配。

6.2.9.2 人员出入口应采用延迟能力不低于90°全高封闭旋转栅门的控制执行设备。

6.2.9.3 应急出入口日常应处于关闭状态。

6.2.10 保卫控制中心

出入口应安装门体强度不低于GB 17565—2007中甲级要求的防盗门。

6.3 电子防范

6.3.1 管理区周界出入口

6.3.1.1 主要出入口应设置人行通道闸、车辆出入口电动栏杆机等出入口控制装置和视频监控装置，对进出人员及车辆进行权限识别和出入控制，视频监视和回放图像应能清晰显示进出人员的体貌特征和进出车辆的号牌。

6.3.1.2 应急出入口应设置视频监控装置，监视和回放图像应能清晰显示进出人员的体貌特征和进出车辆的号牌。

6.3.2 管理区主要道路

应设置视频监控装置，视频监视和回放图像应能清晰显示人员活动和车辆通行情况。

6.3.3 管理区主要建(构)筑物

出入口应设置视频监控装置,监视和回放图像应能清晰显示进出人员的体貌特征。

6.3.4 管理区安防监控中心(室)

6.3.4.1 应设置在管理区内,应配置出入口控制管理软件服务终端和视频监控管理软件终端,或配置安全防范系统集成管理平台。

6.3.4.2 应设置视频监控装置,视频监视和回放图像应能清晰显示进出人员的体貌特征及值机操作人员活动情况。

6.3.5 保护区、要害区周界

6.3.5.1 应设置入侵探测报警装置,其中保护区周界应设置不少于两种彼此独立且探测机理不同、功能互补的入侵探测报警装置。

6.3.5.2 跨越周界实体屏障下方若有通径大于 50 cm 的水渠、涵洞或管沟,以及易于人员穿越的无人值守开口,应安装入侵探测报警装置。

6.3.5.3 当地下廊道跨越周界实体屏障时,应在实体屏障相应的地下部位安装入侵探测报警装置。

6.3.5.4 周界安装有入侵探测报警装置的部位,应同时安装视频监控装置,在报警信号发出的同时,应联动视频监控系统对报警部位进行实时复核,视频监视和回放图像应能清晰显示人员活动情况。

6.3.6 控制区、保护区和要害区周界出入口

6.3.6.1 主出入口应设置出入口控制装置,对进出人员及车辆进行权限识别和出入控制。

6.3.6.2 控制区周界人员主出入口应能识别人员的通行权限,控制出入口执行设备的运行,并应具有防返传功能。

6.3.6.3 控制区周界车辆主出入口和保护区周界车辆主出入口,应能识别车辆的通行权限,控制出入口执行设备的运行。

6.3.6.4 保护区周界人员主出入口和要害区周界的人员出入口,应能通过智能卡(或生物识别手段)与个人密码等复合识别的方式识别人员通行权限,控制出入口执行设备的运行,并应具有防胁迫、防返传及防尾随功能。

6.3.6.5 主出入口应安装视频监控装置,该装置采集的视频图像应能与出入口控制系统联动,当出现胁迫报警信号时,应在保卫控制中心的安全防范管理平台上实时显示复核视频图像,视频监视和回放图像应能清晰显示进出人员的体貌特征和进出车辆的号牌。

6.3.6.6 控制区周界应急出入口,应设置视频监控装置。

6.3.6.7 保护区、要害区周界的应急出入口,应设置入侵探测报警装置,保护区周界的应急出入口应设置不少于两种彼此独立且探测机理不同、功能互补的入侵探测报警装置。

6.3.6.8 出入口设置有入侵探测报警装置的部位,应同时设置视频监控装置,在报警信号发出的同时,应联动视频监控系统对报警部位进行实时复核,视频监视和回放图像应能清晰显示进出人员的体貌特征和进出车辆的号牌。

6.3.6.9 控制区及保护区周界出入口的警卫室应设置紧急报警装置。

6.3.6.10 在保护区周界主出入口应配备防爆安检设备,对进出人员及车辆携带物品进行安全检查。手持式金属探测器应符合 GB 12899 的相关规定;通过式金属探测门应符合 GB 15210 的相关规定;微剂量 X 射线安全检查设备应符合 GB 15208.1 的相关规定。

6.3.7 控制区、保护区和要害区主要道路

应设置视频监控装置,视频监视和回放图像应能清晰显示人员活动和车辆通行情况。

6.3.8 保卫控制中心

6.3.8.1 出入口应设置出入口控制装置,对进出人员进行权限识别和出入控制。

6.3.8.2 应设置视频监控装置,视频监视和回放图像应能清晰显示进出人员的体貌特征及值机操作人员活动情况。

6.3.8.3 应设置紧急报警装置。

6.3.8.4 应配置安全防范管理平台。

6.3.9 其他重点部位

6.3.9.1 主控室、核材料数据库机房出入口和内部应设置视频监控装置,视频监视和回放图像应能清晰显示进出人员的体貌特征及区域内人员活动情况。

6.3.9.2 危险化学品库、放射源库的出入口应设置视频监控装置,视频监视和回放图像应能清晰显示进出人员的体貌特征。

6.3.9.3 汽轮机房、主变压器、开关站区域、冷却水泵房的出入口应设置视频监控装置,视频监视和回放图像应能清晰显示进出人员的体貌特征。

6.3.9.4 核燃料厂房的燃料存储区域应设置视频监控装置,视频监视和回放图像应能清晰显示区域内人员活动情况。

6.3.9.5 主控室应设置紧急报警装置。

6.3.9.6 位于管理区、控制区的其他重点部位,应在其所在建(构)筑物周界设置视频监控装置,视频监视和回放图像应能清晰显示人员活动和车辆通行情况。

6.3.10 其他要求

6.3.10.1 应在管理区和实物保护区域的周界,及其他重点部位的适当位置设置电子巡查系统的巡查点,对警卫的巡查情况进行记录和监督。

6.3.10.2 核电站(厂)应配备使用符合国家法律、法规和有关要求的固定式反无人机主动防御系统,防御信号范围应覆盖场内有关重要部位。

6.4 通信

保卫控制中心、管理区安防监控中心(室)、重要的出入口和岗哨等部位应配备畅通、有效的有线和无线专用通信设备,通信设备应满足应急情况下的通信要求。巡逻人员应配有方便、有效的无线通信设备。

6.5 核应急指挥中心

核应急指挥中心应配置实物保护系统计算机终端,在非应急状态时,核应急指挥中心的实物保护计算机终端应与实物保护系统实施物理隔离。当核设施进入核应急状态,且保卫控制中心人员需要撤离到核应急指挥中心时,应取消物理隔离并启用核应急指挥中心的实物保护系统相关设备。

7 非常态防范要求

7.1 人力防范

7.1.1 核电站(厂)应组织开展治安反恐动员,在常态防范基础上加强保卫力量。

7.1.2 核电站(厂)负责人应带班组织 24 h 防范工作,厂内相关责任部门和应急力量应进入应急工作状态。

7.1.3 安保警卫人员对重点部位的巡逻周期间隔应不大于2 h。

7.1.4 应加强对出入保护区的人员、车辆及所携带物品的安全检查，对外来人员携带物品进行开包检查。

7.2 实体防范

7.2.1 应加强防护器具、救援器材、应急物资以及重点部位的门、窗、锁、车辆阻挡装置等设施的有效性检查。

7.2.3 应加强检查确认车辆阻挡装置保持在阻截状态，严格控制外部车辆进入重点部位。

7.3 电子防范

7.3.1 应加强电子防范设施、通信设备的检查和维护，确保安全防范系统正常运行及通信设备正常使用。

7.3.2 应提高出入口控制系统对各受控区的出入识别权限与核验规则配置，应采取降低受控区可停留人数、降低访客比例等措施，强化出入口控制系统对各区域的人员管理。

8 安全防范系统技术要求

8.1 一般要求

8.1.1 安全防范系统的设备和材料应符合相关标准并检验合格。

8.1.2 应对安全防范系统内具有计时功能的设备进行校时，设备的时钟与北京时间误差应不大于5 s。

8.1.3 防爆环境使用的安全防范设备，防爆等级应符合GB 3836.1的相关规定。

8.1.4 核电站(厂)应根据安全防范和核应急响应的需要，按照日常运行、安全防范和核应急响应兼容的原则设置系统和设备。

8.1.5 安全防范系统的各子系统、安全防范管理平台的技术要求应符合GB 50348的相关规定。

8.2 出入口控制系统

8.2.1 管理区用于人员出入口的系统，系统的安全等级应不低于GB/T 37078—2018中规定的2级要求。

8.2.2 实物保护系统中用于人员出入口的系统，系统的安全等级应不低于GB/T 37078—2018中规定的3级要求。

8.2.3 系统应实时监测出入口控制点执行装置的启闭状态，当出入口被强制开启时应有指示、警示及日志记录。

8.2.4 系统应具有开放超时、本地警示功能。

8.2.5 出入口执行部分的输入线缆在该出入口的对应受控区、同权限受控区、高权限受控区以外的部分应封闭保护，其保护结构的抗拉伸、抗弯折强度不应低于镀锌钢管的强度。

8.2.6 出入口控制系统相关控制信息存储时间应不少于180 d。

8.2.7 出入口控制系统应满足紧急逃生时人员疏散的相关要求。

8.3 入侵和紧急报警系统

8.3.1 系统的安全等级应不低于GB/T 32581—2016中规定的2级要求。

8.3.2 探测器的探测范围应覆盖需要探测的所有区域，不能存在探测盲区和死角。

8.3.3 探测器的选型应适应现场地形和环境特点，确保有效性和可靠性。

8.3.4 应能对探测范围覆盖区域内任何方式的入侵行为进行有效探测并报警；系统报警后，保卫控制中心应能有声、光指示，应能通过安防集成管理平台弹出现场的视频复核图像，准确指示发出报警的位置。

8.3.5 应保证保护区周界两道围栏之间及应急出入口为探测区域，确保对入侵行为触发报警后有足够的延迟能力。

8.3.6 对保护区周界应急出入口的探测能力应不低于对应区域周界实体屏障对探测能力的要求。

8.3.7 系统应具备自检功能以及故障报警、断电报警功能和防拆、开路、短路报警功能。

8.3.8 系统的布防、撤防、故障和报警信息的存储时间应不少于 90 d。

8.4 视频监控系统

8.4.1 摄像机的视场范围应覆盖所对应的探测或监视的全部区域，不能存在监控盲区。

8.4.2 系统监视及回放图像的水平像素数应不小于 1 920，垂直像素数应不小于 1 080，视频图像帧率应不低于 25 fps。

8.4.3 视频图像质量应不低于 GB 50198—2011 中 3.1.9 和 3.1.10 所述的 4 分。

8.4.4 视频图像信息应实时记录，存储时间应不少于 90 d。涉及核安保突发事件的相关视频图像应永久保存，并采用不同介质异地归档。

8.4.5 对设定区域的入侵、越界等行为具有探测报警功能的视频分析系统，其入侵探测的探测率和误报率应符合 GB/T 30147 的相关规定。

8.4.6 核电站(厂)涉及公共区域的视频图像信息的采集要求应符合 GB 37300 的相关规定。

8.5 电子巡查系统

8.5.1 巡查路线、巡查时间应能根据安全管理需要进行设定和修改。

8.5.2 巡查记录保存时间应不小于 90 d。

8.5.3 系统其他要求应符合 GA/T 644 的相关规定。

8.6 供电与接地

8.6.1 安全防范系统所有子系统均需配备两路主电源供电，备用电源应在主电源失效时自动供电。安全防范系统所有设备均应做好工作接地、保护接地和防雷接地。

8.6.2 其他要求应符合 GB/T 15408 的相关规定。

8.7 通信系统

8.7.1 无线通信应不少于两个专用通信频道。

8.7.2 便携式无线通信设备应能持续运行 8 h。

8.7.3 安全防范非专用通信网络，在核应急响应时，应能立即被核应急响应利用，或立即转换成核应急响应专用。安全防范专用通信网络，应能随时被核应急响应利用。

8.8 反无人机主动防御系统

8.8.1 系统发射功率和使用频段应符合国家有关规定。

8.8.2 系统应能自动 24 h 持续工作，无需人员值守。

8.8.3 系统的应用不得对周边重要设施产生有害干扰。

8.8.4 系统应用应有保障措施，不得对电力系统授时产生影响。

8.8.5 系统应具备国家级无线电检测鉴定机构出具的检测报告。

8.9 集成联网

8.9.1 安全防范管理平台

8.9.1.1 应能实现对入侵和紧急报警、视频监控、出入口控制等各安全防范子系统的集成与管理。

8.9.1.2 应具有系统集成、联动控制、权限管理、存储管理、检索与回放、设备管理、统计分析、系统校时、指挥调度等功能。

8.9.1.3 应能同时接收多路报警,具有视频图像切换功能,具有显示、储存、记录和输出报警信息的功能,具有在电子地图上显示报警信息的功能。

8.9.1.4 应能用声、光提示报警的类型和位置,及时显示入侵报警信息。

8.9.1.5 在某一子系统出现故障时,不应影响其他子系统正常运行。

8.9.2 公共区域的视频图像联网

涉及公共区域的视频图像信息应留有与公共安全视频图像信息共享交换平台联网的接口,信息传输、交换、控制协议应符合 GB/T 28181 的相关规定,联网信息安全应符合 GB 35114 的相关规定。

附 录 A
（规范性）
核能发电企业常态防范措施与设施配置

A.1 核能发电企业常态防范措施与设施配置应符合表 A.1 的规定。

表 A.1 核能发电企业常态防范措施与设施配置

序号	重点部位			防范措施与应配置的设施	
1	管理区	周界		人力防范措施	定时巡逻流动岗
2				实体防护设施	实体屏障
3					警示标志
4		周界出入口	主要出入口	人力防范措施	24 h 执勤固定岗
5				实体防护设施	岗亭
6					出入口实体屏障、照明设施、机动车减速带及“限速”标志
7				出入口控制系统	人行通道闸
8					车辆出入口电动栏杆机
9				视频监控系统	视频监控装置
10			应急出入口	人力防范措施	需要开启时，有安保警卫人员现场监视
11				实体防护设施	日常处于关闭状态
12				视频监控系统	视频监控装置
13		主要道路		视频监控系统	视频监控装置
14		主要建(构)筑物	出入口	人力防范措施	定时巡逻流动岗
15				视频监控系统	视频监控装置
16				电子巡查系统	电子巡查装置
17	管理区安防监控中心(室)			人力防范措施	24 h 值守固定岗
18				实体防护设施	防盗安全门
19				视频监控系统	视频监控装置
20				安防系统管理终端	出入口控制管理软件服务终端和视频监控管理软件终端或安全防范管理平台
21	控制区	周界		人力防范措施	定时巡逻流动岗
22				实体防护设施	实体屏障
23				电子巡查系统	电子巡查装置
24		周界	周界实体屏障内外两侧	实体防护设施	设置开阔区域
25					内侧设置人员及车辆巡逻通道
26			跨越周界且易于人员穿越的无人值守开口的下方	实体防护设施	实体屏障

表 A.1 核能发电企业常态防范措施与设施配置（续）

序号	重点部位			防范措施与应配置的设施	
27	控制区	周界	地下廊道和管道跨越周界实体屏障对应位置的地下部位	实体防护设施	实体屏障
28					有出入控制措施的通道门
29		周界出入口	主要出入口	人力防范措施	24 h 执勤固定岗
30				实体防护设施	警卫室
31					人员出入口设置延迟能力不低于三辊闸的控制执行设备
32					车辆出入口设置车辆减速装置
33				入侵和紧急报警系统	警卫室设置紧急报警装置
34				出入口控制系统	出入口控制装置
35				视频监控系统	视频监控装置
36			应急出入口	人力防范措施	需要开启时，有安保警卫人员现场监视
37				实体防护措施	日常处于关闭状态
38				视频监控系统	视频监控装置
39		主要道路		视频监控系统	视频监控装置
40	保护区	周界		人力防范措施	定时巡逻流动岗
41				实体防护设施	双层围栏型实体屏障
42					双层围栏间设置隔离带
43				入侵和紧急报警系统	不少于两种彼此独立且探测机理不同、功能互补的入侵探测装置
44				视频监控系统	视频监控装置
45				电子巡查系统	电子巡查装置
46		周界	周界实体屏障内外两侧	实体防护设施	设置开阔区域
47					内侧设置人员及车辆巡逻通道
48			跨越周界且易于人员穿越的无人值守开口的下方	实体防护设施	实体屏障
49				入侵和紧急报警系统	入侵探测装置
50				视频监控系统	视频监控装置
51			地下廊道和管道跨越周界实体屏障对应位置的地下部位	实体防护设施	实体屏障
52					有出入控制措施的通道门
53				入侵和紧急报警系统	入侵探测装置
54				视频监控系统	视频监控装置

表 A.1 核能发电企业常态防范措施与设施配置（续）

序号	重点部位			防范措施与应配置的设施	
55	保护区	周界出入口	主要出入口	人力防范措施	24 h 执勤固定岗
56				实体防护设施	警卫室
57					人员出入口设置延迟能力不低于90°全高封闭旋转栅门的控制执行设备
58					车辆出入口设置双道门的车辆检查通道以及车辆阻挡装置
59				入侵和紧急报警系统	警卫室设置紧急报警装置
60				出入口控制系统	出入口控制装置
61				视频监控系统	视频监控装置
62				安全检查系统	违禁品检查装置
63			应急出入口	人力防范措施	需要开启时，有安保警卫人员现场监视
64				实体防护措施	日常处于关闭状态
65				入侵和紧急报警系统	不少于两种彼此独立且探测机理不同、功能互补的入侵探测装置
66				视频监控系统	视频监控装置
67		主要道路		视频监控系统	视频监控装置
68	要害区	周界		人力防范措施	定时巡逻流动岗
69				实体防护设施	双层围栏型实体屏障或由建(构)筑物墙体作为实体屏障
70					双层围栏间设置隔离带
71				入侵和紧急报警系统	入侵探测装置
72				视频监控系统	视频监控装置
73				电子巡查系统	电子巡查装置
74		周界	周界实体屏障外侧	实体防护设施	设置开阔区域
75					人员及车辆巡逻通道
76			跨越周界且易于人员穿越的无人值守开口的下方	实体防护设施	实体屏障
77				入侵和紧急报警系统	入侵探测装置
78				视频监控系统	视频监控装置
79			地下廊道和管道跨越周界实体屏障对应位置的地下部位	实体防护设施	实体屏障
80					有出入控制措施的通道门
81				入侵和紧急报警系统	入侵探测装置
82				视频监控系统	视频监控装置

表 A.1 核能发电企业常态防范措施与设施配置(续)

<table>
<tr><th>序号</th><th colspan="3">重点部位</th><th colspan="2">防范措施与应配置的设施</th></tr>
<tr><td>83</td><td rowspan="8">要害区</td><td rowspan="7">周界出入口</td><td rowspan="3">主要出入口</td><td>实体防护设施</td><td>人员出入口采用延迟能力不低于90°全高封闭旋转栅门的控制执行设备</td></tr>
<tr><td>84</td><td>出入口控制系统</td><td>出入口控制装置</td></tr>
<tr><td>85</td><td>视频监控系统</td><td>视频监控装置</td></tr>
<tr><td>86</td><td rowspan="4">应急出入口</td><td>人力防范措施</td><td>需要开启时,有安保警卫人员现场监视</td></tr>
<tr><td>87</td><td>实体防护措施</td><td>日常处于关闭状态</td></tr>
<tr><td>88</td><td>入侵和紧急报警系统</td><td>入侵探测装置</td></tr>
<tr><td>89</td><td>视频监控系统</td><td>视频监控装置</td></tr>
<tr><td>90</td><td colspan="2">主要道路</td><td>视频监控系统</td><td>视频监控装置</td></tr>
<tr><td>91</td><td colspan="3" rowspan="6">保卫控制中心</td><td>人力防范措施</td><td>24 h值守固定岗</td></tr>
<tr><td>92</td><td>实体防护设施</td><td>防盗安全门</td></tr>
<tr><td>93</td><td>入侵和紧急报警系统</td><td>紧急报警装置</td></tr>
<tr><td>94</td><td>出入口控制系统</td><td>出入口控制装置</td></tr>
<tr><td>95</td><td>视频监控系统</td><td>视频监控装置</td></tr>
<tr><td>96</td><td colspan="2">安全防范管理平台</td></tr>
<tr><td>97</td><td rowspan="6">其他重点部位</td><td colspan="2">核材料数据库机房</td><td>视频监控系统</td><td>视频监控装置</td></tr>
<tr><td>98</td><td colspan="2">危险化学品库、放射源库</td><td>视频监控系统</td><td>视频监控装置</td></tr>
<tr><td>99</td><td colspan="2">汽轮机房、主变压器、开关站区域、冷却水泵房</td><td>视频监控系统</td><td>视频监控装置</td></tr>
<tr><td>100</td><td colspan="2">核燃料厂房</td><td>视频监控系统</td><td>视频监控装置</td></tr>
<tr><td>101</td><td colspan="2" rowspan="2">主控室</td><td>入侵和紧急报警系统</td><td>紧急报警装置</td></tr>
<tr><td>102</td><td>视频监控系统</td><td>视频监控装置</td></tr>
<tr><td>103</td><td colspan="3">位于管理区、控制区的其他重点部位所在建(构)筑物周界</td><td>视频监控系统</td><td>视频监控装置</td></tr>
<tr><td>104</td><td colspan="3" rowspan="2">保卫执勤岗位</td><td rowspan="2">防卫防护装备、工具</td><td>棍棒、钢叉等防卫器械</td></tr>
<tr><td>105</td><td>对讲机等通信工具</td></tr>
<tr><td>106</td><td colspan="3">场内有关重点部位</td><td colspan="2">固定式反无人机主动防御系统</td></tr>
</table>

附 录 B
（规范性）
防爆安检方案

B.1 核电站(厂)应加强对执行安全检查任务的安保警卫人员(安检员)的专业培训,使其掌握判别简易爆炸装置的技能;应建立应急预案,并定期开展演练。

B.2 当安检员通过安全检查设备发现有疑似禁止携带物品或无法判断性质的可疑物品时,应立即根据提示,请携带可疑物品的受检人配合对包裹进行检查,经初步检查仍未排除可疑的应进行复查。安检员在对受检人人身安检并发现可疑物品时,应立即提示其他安检员,共同进行检查,经初步检查仍未排除可疑的应进行复查。复查时,应至少由一名安检员负责检查物品,另一名安检员负责警戒、监控受检人,防止受检人突然离开或采取其他不法行为。复查时应做到:

a) 复查前,安检员应征得受检人同意开包或开箱检查翻拿物品,受检人拒绝配合的,应拒绝其进入。

b) 开包或开箱检查时,携带可疑物品的受检人应在场。

c) 保卫管理人员应协调指挥其他安检员继续做好安检工作,严防未经安检进入。

d) 检查过程中,应避免损坏或者遗失财物;复查结束,未发现异常,应协助受检人将物品恢复原状。

B.3 复查后初步认定可疑物品属于禁限带物品的,应做到:

a) 安检员告知受检人该物品属于限制携带物品,并按规定劝导受检人自弃该物品、携带该物品离开或暂存于指定地点。当初步认定可疑物品属于国家法律规定的违禁品的,应立即报告保卫管理人员,并根据物品性质,采取放入危险品储存设备[如防爆球(罐)等]的合理方式,对物品进行控制,确保人、物分离,并报告属地公安机关鉴别及处置。

b) 受检人拒不接受的,应拒绝其进入;对强行进入或扰乱安检现场秩序的,安检员应进行制止,情节严重的,应报告公安机关到场处理。

B.4 应建立安检查获物品台账,逐一并如实登记查获物品名称、种类、数量,查获时间,查获人,物主信息以及处理情况等,并应按照以下要求妥善移交被查获的禁止、限制携带物品:

a) 对枪支弹药、爆炸物品、管制器具等国家法律规定的违禁品,应交由公安机关依法处理;

b) 对未经批准的放射性、腐蚀性、毒害性物质,或者传染病病原体及医疗废物等国家法律规定的违禁品,应依照国家有关法律法规交由环保、卫生等有关部门依法处理。

参 考 文 献

[1] GB/T 2900.52—2008 电工术语 发电、输电及配电 发电
[2] GB/T 17680.8—2003 核电厂应急计划与准备准则 场内应急计划与执行程序
[3] EJ/T 1054—2018 核材料与核设施核安保的实物保护要求
[4] HAD 501/02—2018 核设施实物保护
[5] HAD 501/08—2020 核动力厂实物保护视频监控系统
[6] NB/T 20147—2012 核电厂实物保护系统设备准则
[7] NB/T 20247—2013 核电厂实物保护系统设计总体要求
[8] 中华人民共和国反恐怖主义法
[9] 企业事业单位内部治安保卫条例
[10] 电力设施保护条例
[11] 《中国的核应急》白皮书
[12] 电力设施保护条例实施细则
[13] 电力监控系统安全防护规定
[14] 电力企业应急预案管理办法
[15] 核动力厂网络安全技术政策